Experiments of Polymer Physics

高分子物理
实验教程

吕秋丰 曹 静 编著

化学工业出版社
·北京·

内容简介

《高分子物理实验教程》共分为聚合物的结构分析、聚合物的形貌观察、聚合物的性能测试、高分子材料综合性和设计性实验四个部分。本书编写时从培养创新型、科研型人才的目的出发，力求内容精选、简明适用，对于每一个实验项目，均从实验目的、实验原理、实验仪器与试样、实验步骤、数据记录与处理、注意事项等方面进行详细说明和分析，共包括 34 个实验项目。每个实验后还列有思考题，便于读者加深对高分子物理实验内容的理解和掌握。附录还列出常用聚合物的参数和数据等。

本书可作为高分子材料与工程专业以及相关学科的实验教材和教学参考书，也可作为从事高分子材料生产的技术人员以及其他涉及高分子科学领域的研究人员和工程技术人员的参考用书。

图书在版编目（CIP）数据

高分子物理实验教程/吕秋丰，曹静编著．—北京：
化学工业出版社，2023.11
ISBN 978-7-122-44197-3

Ⅰ．①高… Ⅱ．①吕…②曹… Ⅲ．①高聚物物理学
-实验-高等学校-教材 Ⅳ．①O631-33

中国国家版本馆 CIP 数据核字（2023）第 177215 号

责任编辑：朱 彤　　　　　　　　　　文字编辑：公金文　陈小滔
责任校对：李雨函　　　　　　　　　　装帧设计：刘丽华

出版发行：化学工业出版社（北京市东城区青年湖南街 13 号　邮政编码 100011）
印　　装：北京天宇星印刷厂
787mm×1092mm　1/16　印张 11½　字数 304 千字　2024 年 1 月北京第 1 版第 1 次印刷

购书咨询：010-64518888　　售后服务：010-64518899
网　　址：http://www.cip.com.cn

前言

　　现代高分子材料涉及的领域日益广泛，高分子物理是高分子科学的重要组成部分，也是研究聚合物结构与性能关系的科学。近年来随着高分子学科和现代测试技术的发展，高分子物理领域涌现出许多新方法、新技术，使高分子物理实验的研究方法、测试手段及仪器设备等不断获得进步与发展。高分子物理实验是高分子材料与工程及其相关专业人才培养的重要实践环节，也是和高分子材料与工程相关的科研工作的重要组成部分。高分子物理实验技术的改进和提升，对于培养学生的创新意识、创新精神以及实践能力，提高其综合素质，有着不可替代的作用。

　　本书集中了作者长期的教学和科研实践经验，编写时在充分考虑实验项目的普遍性和实验方法的适用性基础上，强调基本概念和理论，注重理论联系实际，主要目的是帮助读者更好地掌握高分子的结构分析、形貌观察、性能测试的方法，加深对高分子物理知识的掌握和理解。在本书各个实验后均附有思考题，以提高读者的学习兴趣，利于深入思考实验过程。另外，附录还有常用聚合物的参数和数据等，可以供广大学生和科研工作者在学习和工作中查阅。

　　全书力求做到深入浅出、取材精选。通过本书的学习，可以加深对聚合物结构与物理性质关系的正确理解，指导优选聚合物材料和控制加工成型条件，或通过各种途径以优化和改造聚合物结构，有效地改进材料的性能和设计新型高分子材料。本书可作为高分子材料与工程专业相关学科的实验教材和教学参考书，也可作为从事高分子材料研究、开发、测试工作的研究人员和工程技术人员的参考用书。

　　本书主要由福州大学材料科学与工程学院吕秋丰和曹静编写。其中，第一章、第三章和第四章主要由吕秋丰和曹静编写，第二章由曹静编写。此外，林腾飞也参与了第三章和第四章的部分工作。全书由吕秋丰和曹静负责统稿，附录由吕秋丰编写。本书在编写过程中得到了作者所在单位的大力支持和福州大学校友李成磊、林莉莉和庄伟的帮助，在此深表感谢！

　　由于编者时间和水平有限，书中难免存在疏漏之处，敬请广大读者批评、指正。

编者

2023 年 6 月

目　录

第四章　高分子材料综合性和设计性实验 / 133

参考文献 / 167

附录 / 169

第一章

聚合物的结构分析

实验1　黏度法测定聚合物的分子量

一、实验目的

1. 掌握毛细管黏度计测定聚合物分子量的原理。
2. 学会使用黏度法测定特性黏数和数据处理方法。

二、实验原理

分子量是聚合物最基本的结构参数之一，与材料性能有着密切的关系，在理论研究和生产过程中经常需要测定这个参数。测定聚合物分子量的方法很多，不同测定方法所得出的统计平均分子量的意义有所不同，其适应的分子量范围也不相同。在高分子工业和研究工作中最常用的测定方法是黏度法，它是一种相对的方法，适用于分子量在 $10^4 \sim 10^7$ 范围的聚合物。此法设备简单、操作方便，又有较高的实验精度。通过聚合物体系黏度的测定，除了提供黏均分子量外，还可得到聚合物的分子链无扰尺寸和膨胀因子，因而应用最为广泛。

高分子稀溶液的黏度主要反映了液体分子之间因流动或相对运动所产生的内摩擦阻力。内摩擦阻力越大，表现出来的黏度就越大，且与高分子的结构、溶液浓度和溶剂的性质、温度以及压力等因素有关。对于高分子进入溶液后所引起的液体黏度的变化，一般采用下列有关的黏度量值进行描述。

（1）相对黏度 η_r

若纯溶剂的黏度为 η_0，同温度下溶液的黏度为 η，则：

$$\eta_r = \frac{\eta}{\eta_0} \tag{1-1}$$

相对黏度是一个无量纲的量，随着溶液浓度的增加而增加。对于低剪切速率下的高分子溶液，其值一般大于1。

（2）增比黏度 η_{sp}

增比黏度是相对于溶剂来说溶液黏度增加的分数，也是一个无量纲的量，与溶液的浓度有关：

$$\eta_{sp} = \frac{\eta - \eta_0}{\eta_0} = \eta_r - 1 \tag{1-2}$$

（3）比浓黏度

定义为溶液的增比黏度与浓度 c（g/cm^3）之比。比浓黏度的量纲是浓度的倒数，单位为 cm^3/g。

$$\frac{\eta_{sp}}{c} = \frac{\eta_r - 1}{c} \tag{1-3}$$

（4）比浓对数黏度

定义为相对黏度的自然对数与溶液浓度之比。

$$\frac{\ln\eta_r}{c} = \frac{\ln(1 + \eta_{sp})}{c} \tag{1-4}$$

（5）特性黏数 $[\eta]$

定义为比浓黏度 η_{sp}/c 或比浓对数黏度 $\ln\eta_r/c$ 在无限稀释时的外推值，即：

$$[\eta] = \lim_{c \to 0} \frac{\eta_{sp}}{c} = \lim_{c \to 0} \frac{\ln\eta_r}{c} \tag{1-5}$$

$[\eta]$ 又称为极限黏度，其值与浓度无关，量纲是浓度的倒数。

实验证明，对于给定聚合物在给定的溶剂和温度下，$[\eta]$ 的数值仅由样品的黏均分子量 $\overline{M_\eta}$ 所决定，$[\eta]$ 与 $\overline{M_\eta}$ 的关系如式(1-6) 所示。

$$[\eta] = K\overline{M_\eta}^{\alpha} \tag{1-6}$$

式中，K 为比例常数；α 为扩张因子，与溶液中聚合物分子的形态有关；$\overline{M_\eta}$ 为黏均分子量。式(1-6) 称为 Mark-Houwink 方程。

K、α 与温度、聚合物种类和溶剂性质有关，K 值受温度的影响较明显，而 α 值主要取决于高分子线团在溶剂中舒展的程度，一般介于 0.5～1.0 之间。对给定的聚合物-溶剂体系，一定的分子量范围内 K、α 值可从有关手册中查到，或采用几个标准样品由式(1-6) 进行确定。标准样品的分子量由绝对方法（如渗透压法和光散射法等）确定。

在一定温度下，聚合物溶液的黏度对浓度有一定的依赖关系。描述溶液黏度的浓度依赖的方程式很多，而应用较多的如下。

哈金斯（Huggins）方程：
$$\frac{\eta_{sp}}{c} = [\eta] + K'[\eta]^2 c \tag{1-7}$$

克拉默（Kraemer）方程：
$$\frac{\ln\eta_r}{c} = [\eta] - \beta[\eta]^2 c \tag{1-8}$$

对于给定的聚合物在给定温度和溶剂时，K'、β 应是常数。K' 称为哈金斯常数，它表示溶液中高分子间和高分子与溶剂分子间的相互作用。一般 K' 值对于线型柔性链高分子良溶剂体系，$K' = 0.3 \sim 0.4$，$K' + \beta = 0.5$。只需测定不同浓度的溶液流经同一毛细管的同一高度时所需的时间 t 及纯溶剂的流经时间 t_0，便可求得各浓度所对应的 η_r 值，进而求得 η_{sp}、η_{sp}/c 及 $\ln\eta_r/c$ 值。用 $\ln\eta_r/c$ 对 c 作图外推和用 η_{sp}/c 对 c 作图外推到 $c \to 0$ 时，可得到共同的截距，其值等于 $[\eta]$（$\ln\eta_r/c$ 和 η_{sp}/c 与 c 关系见图1-1）。这种方法称为外推法。

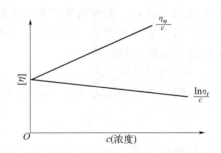

图 1-1　$\ln\eta_r/c$ 和 η_{sp}/c 与 c 关系

在许多情况下，由于试样量少或要测定大量同品种的试样，为了简化操作，对于多数线型柔性高分子溶液符合 $K' = 0.3 \sim 0.4$，$K' + \beta = 0.5$ 时，由式(1-7) 和式(1-8) 可以得到一点法求 $[\eta]$ 的方程：

$$[\eta] = \frac{1}{c}\sqrt{2(\eta_{sp} - \ln\eta_r)} \tag{1-9}$$

由上式可见，用黏度法测定聚合物分子量，关键在于 $[\eta]$ 的求解，最为方便的是用毛细管黏度计测定溶液的相对黏度。常用的毛细管黏度计为乌氏黏度计。由于乌氏黏度计是一种重力型毛细管黏度计，故有时也称其为毛细管黏度计（本实验简称为黏度计）。如图 1-2 所示，其特点是溶液的体积对测量没有影响，所以可以在黏度计内采取逐步稀释的方法得到不同浓度的溶液。

根据相对黏度的定义：

$$\eta_r = \frac{A\rho t}{A\rho_0 t_0} = \frac{t}{t_0} \tag{1-10}$$

式中，ρ、ρ_0 分别为溶液和溶剂的密度，因溶液很稀，$\rho = \rho_0$；A 为黏度计常数；t、t_0 分别为溶液和溶剂在毛细管中的流出时间，即液面经过刻度线 a、b 所需时间（图 1-2）。因此，溶液的相对黏度为：

$$\eta_r = \frac{t}{t_0} \tag{1-11}$$

样品浓度一般在 0.01g/mL 以下，使 η_r 在 1.05~2.5 之间较为适宜。η_r 最大不超过 3.0。

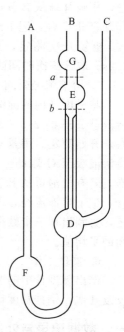

图 1-2　乌氏黏度计
A，B，C—玻璃管；
D，E，F，G—玻璃球；
a—E 球的上刻度线；
b—E 球的下刻度线

三、实验仪器、试样与试剂

1. 实验仪器

乌氏黏度计（图 1-2），恒温装置（玻璃缸水槽、加热棒、控温仪、搅拌器），秒表（最小单位 0.01s），吸耳球，夹子，100mL 容量瓶，100mL 烧杯，磁力搅拌器，砂芯漏斗（5 号）。

2. 实验试样与试剂

聚乙烯醇稀溶液（0.1%），蒸馏水。

四、实验步骤

1. 溶液配制

取洁净干燥的聚乙烯醇样品，在分析天平上准确称取 0.1000g±0.001g，置于 100mL 烧杯内。加入去离子水 50~60mL，在磁力搅拌器上加热，使其完全溶解，但温度不宜高于 85℃，待完全溶解后移至 100mL 容量瓶内（用去离子水将烧杯洗 2~3 次滤入容量瓶内），稀释至刻度，反复摇匀后待用。

2. 溶液过滤

取配好的溶液 50~60mL，用砂芯漏斗过滤至小烧杯待用（时间较长，砂芯漏斗需用铁架台、夹子固定）。

3. 安装黏度计

等待过滤的同时，将洗净烘干的黏度计，用蒸馏水洗 2~3 次，然后将蒸馏水从 A 管加入至 F 球的 2/3~3/4，再固定在恒温 30℃±0.1℃ 的水槽中，使其保持垂直，并尽量使 E 球全部浸泡在水中。最好使 a、b 两刻度线均没入水面以下（安装黏度计示意如图 1-3 所示）。安装时除注意垂直外，还应注意固定是否牢固，在测量的过程中不会引起数据的误差。

4. 纯溶剂流出时间 t_0 的测定

恒温 10～15min 后，开始测定。闭紧 C 管上的乳胶管，用吸耳球从 B 管口将纯溶剂吸至 G 球的一半，拿下吸耳球打开 C 管，记下纯溶剂流经 a、b 刻度线之间的时间 t_0。重复几次测定，直到出现 3 个数据，两两误差小于 0.2s。取这三次时间的平均值，实验数据记录于表 1-1 中。

5. 溶液流经时间 t 的测定

将黏度计内的纯溶剂倒掉，用溶液润洗 1～2 次，加入溶液至 F 球的 2/3～3/4，固定在水槽中，恒温 15min 左右，开始测定。闭紧 C 管上的乳胶管，用吸耳球从 B 管口将溶液吸至 G 球的一半（注意 B 管中溶液表面不能有气泡，若有气泡可从 B 管上方将其吸出）。拿下吸耳球打开 C 管，记下溶液流经 a、b 刻度线之间的时间 t，重复几次测定，直到出现三个数据，两两误差小于 0.2s，取这三次时间的平均值。

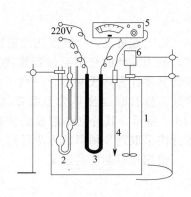

图 1-3　安装黏度计示意
1—水槽；2—黏度计；3—加热棒；
4—测温探头；5—控温仪；6—搅拌器

6. 整理工作

倒出黏度计中的溶液，倒入纯溶剂，将其吸至 a 刻度线上方 G 球的一半清洗黏度计，反复几次，倒挂黏度计以待后用。

五、数据记录与处理

1. 将测得的去离子水、聚乙烯醇溶液的流出时间分别记入表 1-1，并分别计算 η_r、η_{sp}，填入表内。

表 1-1　实验数据记录表

样品	记录次数	t_0/s	t/s	$t_{平均}/s$	η_r	η_{sp}
去离子水	1					
	2					
	3					
聚乙烯醇溶液	1					
	2					
	3					

2. 计算 $\ln\eta_r$，根据 η_{sp} 和 $\ln\eta_r$，以一点法求出聚乙烯醇溶液的特性黏数 $[\eta]$。

3. 聚乙烯醇在水溶液中，30℃时 $K=4.28\times10^{-2}$ mL/g，$\alpha=0.64$，根据 $[\eta]=K\overline{M_\eta}^\alpha$，求出 $\overline{M_\eta}$。

六、注意事项

1. 聚乙烯醇溶液要准确配制且浓度要稀。溶解聚乙烯醇时，要耐心搅拌，小火加热，溶解要完全。

2. 恒温水槽温度严格控制于 30℃±0.1℃，如果高于或低于温度范围需要重做。

3. 所用玻璃仪器需要洗净烘干。

4. 若聚乙烯醇溶液形成泡沫，会直接影响流出时间的测定，甚至使实验不能进行。

5. 安装黏度计时，应注意使黏度计保持垂直状态并使水面高过上刻度 1cm 左右。

6. 抽吸液体时应缓慢进行，避免形成气泡。若有气泡产生，可赶至 F 球中。

7. 使用黏度计时要小心，否则易折断黏度计管。

8. 实验完毕，整理并洗净仪器。特别是黏度计一定要清洗干净，否则毛细管被堵塞，以后实验就无法进行。

七、思考题

1. 式 $[\eta]=K\overline{M_\eta}^\alpha$ 中 K、α 在何种条件下是常数？如何求得 K、α 值？

2. 乌氏黏度计中支管 C 有何作用？除去支管 C 是否可测定黏度？

3. 黏度计的毛细管太粗或太细有什么缺点？

4. 影响流出时间测定准确性的因素有哪些？

5. 利用黏度法测定聚合物分子量的优点是什么？其局限性如何？适用的分子量范围是多大？

实验 2　黏度法测定聚合物的溶度参数

一、实验目的

1. 了解溶度参数的概念。
2. 学习聚合物溶度参数的测定方法。
3. 掌握黏度法测定聚合物溶度参数的方法。

二、实验原理

聚合物的溶度参数是表征聚合物在给定溶剂中溶解力的参数，与聚合物的内聚能有关，常被用于判别聚合物在溶剂中的溶解能力、聚合物与溶剂的互溶性，对于选择聚合物的溶剂或稀释剂有着重要的参考价值。许多物质的溶度参数可从相关手册和资料上查阅，必要时可以通过实验方法和理论计算求得。小分子化合物可以汽化，可以通过实验直接测得其摩尔汽化热，求得内聚能密度，进而获得其溶度参数值。而聚合物由于其分子间的相互作用能很大，欲使其汽化非常困难，往往未达汽化点已经先裂解，所以聚合物的溶度参数不能直接从其汽化能测得，而是采用间接的方法测定。目前用于测定聚合物溶度参数的实验方法有黏度法、浊度法、平衡溶胀法（测定交联聚合物）等。

根据溶度参数的定义，溶度参数 δ 为内聚能密度的算术平方根，表示为：

$$\delta=(\Delta E/V)^{1/2} \tag{2-1}$$

式中，ΔE 为内聚能，J/mol；V 为摩尔体积，cm^3/mol。

在良溶剂中，聚合物分子链与溶剂分子的相互作用是相互促进的，分子链在该溶剂中充分舒展，所得高分子溶液的黏度最大，此时聚合物的溶度参数（δ_p）与所对应溶剂的溶度参数（δ_s）相等。

因此，选择不同 δ_s 值的可溶解该聚合物的溶剂，用黏度法测定聚合物在不同溶剂中形成的溶液的流出时间，求得 $[\eta]$，以 $[\eta]$ 与相应的溶剂的溶度参数 δ_s 作图，得一曲线。其极值点 $[\eta]_{max}$ 对应的 δ_s 则可视为该聚合物的溶度参数。不同溶剂中聚合物溶液与相应的溶剂的溶度参数的关系曲线见图 2-1。

有些聚合物往往找不到合适的纯溶剂，此时可使用混合溶剂进行测定。如前所述，混合

溶剂的溶度参数 δ_{sm} 近似表示为式(2-2)：

$$\delta_{sm} = \phi_1\delta_1 + \phi_2\delta_2 \qquad (2\text{-}2)$$

式中，ϕ_1、ϕ_2 分别表示混合溶剂中各组分的体积分数；δ_1、δ_2 分别为混合溶剂中各组分的溶度参数。

只要聚合物的 δ_p 在各种互溶溶剂的 δ_s 值范围内，就可配制混合溶剂使 δ_{sm} 值与 δ_p 很接近。根据此原理，我们选用两种互溶且混合时无体积效应的溶剂，使 δ_1 值小于 δ_p，δ_2 值大于 δ_p；按不同比例混合均匀，配制成一系列混合溶剂；再用这类混合溶剂配制一系列聚合物溶液，分别测其 $[\eta]$，进而求出 δ_p。

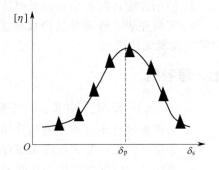

图 2-1　不同溶剂中聚合物溶液与相应的溶剂的溶度参数的关系曲线

三、实验仪器、试样与试剂

1. 实验仪器

恒温装置 1 套，磨口三角瓶（50～100mL）6 个，秒表 1 只，容量瓶（25mL）6 个，吸耳球 1 个，移液管 1 支，砂芯漏斗 1 个，乌氏黏度计 1 支。

2. 实验试样与试剂

甲苯，苯，丁酮，甲酸乙酯，丙酮，以上试剂皆为化学纯；聚醋酸乙烯酯（PVAc）。

四、实验步骤

1. 将恒温水浴调节至 30℃±0.1℃。

2. 称取 0.2g 聚合物放入磨口三角瓶中，加入溶剂使之完全溶解后，用砂芯漏斗过滤至 25mL 的容量瓶中，用同种溶剂稀释至刻度，混合均匀后即得浓度约为 1% 的溶液。同法配制甲苯、苯、丁酮、甲酸乙酯、丙酮的 PVAc 溶液各 25mL，并放于恒温水浴中恒温待用。

3. 取丙酮、丁酮按不同比例配制成溶度参数等于 9.8～10.0 的混合溶剂，再如同步骤 2 配制一系列浓度约为 1% 的 PVAc 溶液，并放在恒温槽中待用。

4. 取一支乌氏黏度计垂直固定于恒温水浴中，并使黏度计上方小球浸没在水中。

5. 用移液管吸取 10mL 溶液注入黏度计中，恒温 10min，测定溶液的流出时间。重复测定三次，误差不超过 0.2s，取其平均值即为溶液的流出时间 t（详见实验 1）。

6. 倒出溶液用同一溶剂洗涤 3～5 次，乌氏黏度计还应烘干，吸取 10mL 溶剂，放于管中，恒温 10min 后测溶剂的流出时间 t。

7. 重复步骤 4～6，测定各不同溶液及相应的溶剂流出时间 t 和 t_0（按 t_0 在 90～110s 之间选择黏度计）。

8. 各取 10mL 溶液于蒸发皿中，在 110℃下真空干燥至恒重，称重计算溶液的溶度参数。

五、数据记录与处理

1. 求特性黏数

按一点法求特性黏数：

$$[\eta] = \frac{1}{c}\sqrt{2(\eta_{sp} - \ln\eta_r)}$$

2. 求溶度参数 δ_p

作图：以 $[\eta]$ 对 δ 作图，对应的最大值为 δ_p。

六、注意事项

1. 恒温水槽温度严格控制于 30℃±0.1℃，如果高于或低于该温度范围需要重做。
2. 聚合物溶液的配制要准确。
3. 安装黏度计时，应注意使黏度计保持垂直状态并使水面高过上刻度 1cm 左右。
4. 所用玻璃仪器洗净烘干使用；使用黏度计时要小心，否则易折断黏度计管。
5. 实验完毕，整理并洗净仪器，特别是黏度计一定要清洗干净；否则，毛细管被堵塞，以后实验就无法进行。

七、思考题

1. 在应用黏度计测定聚合物的溶度参数时，聚合物溶液的浓度有何影响？为什么？
2. 溶剂与聚合物之间溶度参数相近是否一定能保证二者相溶？为什么？

实验 3　红外光谱法表征聚合物结构

一、实验目的

1. 了解红外光谱分析的基本原理。
2. 初步掌握不同状态样品的制备方法。
3. 掌握 Nicolet 5700 型傅里叶变换红外光谱仪的操作方法。
4. 初步学会查阅红外光谱图和剖析、定性分析聚合物。

二、实验原理

红外光谱属于分子吸收光谱，是研究聚合物分子结构的基本手段之一。物质的红外光谱图包含了丰富的结构信息，集中表现了各种基团的振动形式，已经成为比较经典的分子结构分析的重要方法。傅里叶变换红外光谱（FT-IR）技术发展迅速，具有制样方便、样品用量少、测定速度快、灵敏度高等优点，而且不受样品相态（气、液、固）和材料种类（无机材料、有机材料、高分子材料、复合材料）的限制，因此广泛应用于聚合物材料的定性、定量分析，如：分析聚合物的主链结构、取代基类型和位置、顺反异构、双键位置；测定聚合物的结晶度、支化度、取向度；研究聚合物的相转变；分析共聚物的组分和序列分布等。总之，凡是微观结构上的变化、在图谱中能得到反映的，原则上都可以用红外光谱来研究。但红外光谱也有一定的局限性，如不易检出含量低于 1％的成分。此外，有些聚合物不溶不熔，因此难以制备薄片样品等。

1. 基本原理

从量子力学观点来看，当分子从一个量子态跃迁到另一个量子态时，就要发射或吸收电磁波，两个量子状态间的能量差 ΔE 与发射或吸收光的频率 ν 之间存在如下关系。

$$\Delta E = h\nu \tag{3-1}$$

式中，h 为普朗克（Planck）常数，6.626×10^{-34}J·s。

红外光区分为近红外区（波长 $0.75\sim2.5\mu m$）、中红外区（波长 $2.5\sim25\mu m$）和远红外区（波长 $25\sim300\mu m$）。其中，中红外区的研究和应用最多，通常所说的红外光谱就是指中红外区的红外光谱。红外光量子能量较小，当物质吸收红外区的光量子后，只能引起原子的振动、分子的转动、键的振动，而不会引起电子的跃迁，因此不会破坏化学键，所以红外光谱又称分子振动转动光谱。红外发射光谱很弱，通常测量的是红外吸收光谱。

2. 分子振动和吸收峰

当分子中原子的位置处在相互作用平衡态时，位能最低。当位置略微改变，就有一个回复力使原子回到原来的平衡位置，结果像钟摆一样做周期性的运动，即产生振动。按照振动时发生键长和键角的改变情况，振动形式分为伸缩振动和弯曲振动。

当原子沿着键轴方向伸缩时，键长改变而键角不变，这样的振动形式称为伸缩振动。伸缩振动的两种形式：对称伸缩振动、非对称伸缩振动，如图 3-1 所示。

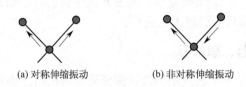

(a) 对称伸缩振动　　(b) 非对称伸缩振动

图 3-1　伸缩振动的两种形式

基团键角发生周期变化而键长不变，这样的振动形式称为弯曲振动。弯曲振动又分为面内弯曲振动和面外弯曲振动。其中，面内弯曲振动又分为面内摇摆和面内剪式弯曲两种形式；面外弯曲振动又分为面外摇摆和面外扭曲两种。弯曲振动的四种形式如图 3-2 所示。

(a) 面内摇摆　　　(b) 面内剪式弯曲　　　(c) 面外摇摆　　　(d) 面外扭曲

图 3-2　弯曲振动的四种形式

对于具体的分子或分子中的基团，其振动形式均有多种，每种振动形式对应一种振动频率，因此同一基团可出现多个吸收峰。吸收峰的数量与分子振动的自由度有关。分子的自由度由平动自由度、转动自由度和振动自由度三部分组成，表示为 $3N$。所以，分子的振动自由度＝$3N$－平动自由度－转动自由度。线性分子的振动自由度为 $3N-5$，非线性分子的振动自由度为 $3N-6$。一般来说，振动自由度可以反映吸收峰的数量，但并非每个振动都产生基频峰。因此，实际检测到的吸收峰的数量常常低于振动自由度。

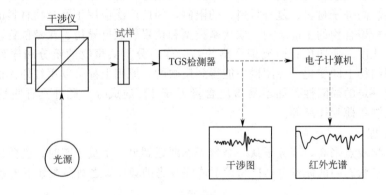

图 3-3　傅里叶变换红外光谱仪结构组成及工作原理示意

3. 傅里叶变换红外光谱仪结构及工作原理

本实验所用 Nicolet 5700 型傅里叶变换红外光谱仪，其结构组成及工作原理示意如

图 3-3 所示。傅里叶变换红外光谱仪主要由光源（硅碳棒）、迈克尔逊干涉仪、检测器、计算机和记录仪等组成。该设备的核心部分是迈克尔逊干涉仪，它将光源来的信号以干涉图的形式送往计算机，进行傅里叶变换处理后还原成光谱图。迈克尔逊干涉仪光学示意及工作原理见图 3-4。在定镜 M_1 和动镜 M_2 之间有一个呈 45°角的半透膜光束分裂器 BS，将来自光源 S 的光分为两部分。其中光束 I 穿过光束分裂器，到达动镜 M_2 后被反射，沿原路回到光束分裂器并被反射到达检测器；光束 II 则反射到固定镜 M_1，再沿原路反射回来通过光束分裂器到达检测器。因此，检测器检测到的是 I 和 II 的相干光。如果进入干涉仪的是波长为 λ_1 的单色光，那么开始时因 M_1 和 M_2 与 BS 等距，光束 I 和光束 II 到达检测器时位相相同，发生相长干涉，亮度最大。当动镜

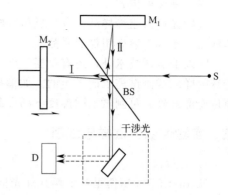

图 3-4　迈克尔逊干涉仪光学示意及工作原理
M_1—定镜；M_2—动镜；
S—光源；D—检测器；BS—光束分裂器

M_2 移动入射光的 $\lambda/4$ 距离时，则光束 I 的光程变化为 $\lambda/2$，在检测器上两束光位相相反，发生相消干涉，亮度最小。因此，匀速移动 M_2，即连续改变两束光的光程差，在检测器上记录的信号呈余弦变化，每移动 $\lambda/4$ 的距离，则信号从明到暗周期性改变一次。如果两种波长分别为 λ_1 和 λ_2 的光一起进入干涉仪，则得到两种单色光的叠加。干涉光经过试样后，由于试样对不同波长光的选择吸收，导致干涉曲线发生变化，经检测器记录干涉图，通过计算机进行快速傅里叶变换，得到透过率随波数变化的普通红外光谱图。

4. 红外光谱测试技术

根据样品状态和测试要求，红外光谱有多种测试模式，较常见的有透射模式、衰减全反射模式和漫反射模式。

（1）透射模式

测试时记录不同波长的红外光穿过样品之后的透过率，从而得到样品对不同波长红外光的吸收情况。透射模式是最常用的测试模式，粉末样品一般采用这种模式。其优点是高光通量、低噪声、分辨率高、波数准确度高。

（2）衰减全反射（ATR）模式

借助含有特定晶体的 ATR 附件，实现对光的全反射。ATR 模式测试原理见图 3-5，其原理是基于晶体的折射率远大于样品的折射率：（a）为全反射条件，当入射角 θ 大于临界角 θ_c 时，可在样品表面发生全反射；（b）为样品中的驻波，可以携带出样品的结构信息。其优点是不破坏样品，对样品的大小和形状无特殊要求，可测试含水的样品等。

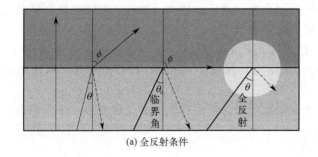

(a) 全反射条件　　　　　　　　(b) 样品中的驻波

图 3-5　ATR 模式测试原理

（3）漫反射模式

入射光进入粗糙样品，发生反射、吸收和散射后携带出样品化学信息。该模式适用于固体样品，尤其是表面粗糙的样品。

除以上测试技术外，还有偏振红外、原位红外、显微红外等其他测试技术，分别是基于特殊的样品或测试需求而产生的。如偏振红外适用于测试取向的样品；原位红外中最常用的原位变温红外，可测试不同温度下的样品结构信息；显微红外用于样品的微区分析。

三、实验仪器、试样与试剂

1. 实验仪器

Nicolet 5700 型傅里叶变换红外光谱仪、红外干燥箱、压片机、玛瑙研钵。

2. 实验试样与试剂

自制聚苯胺粉末、聚乙烯薄膜、聚苯乙烯薄膜、聚酰胺（尼龙）薄膜、溴化钾（KBr）、无水乙醇。

四、实验步骤

1. 常用试样制备方法介绍

要获得好的谱图，制样是关键。常用的制样方法如下。

（1）薄膜法

① 透明的薄膜样品，厚度在 $10 \sim 30 \mu m$，可直接使用；稍厚的轻轻拉伸变薄后使用。

② 热塑性样品，可将样品加热到软化点以上或者熔融，加压制成适当厚度的薄膜。

③ 能溶解的材料，可采用溶液制膜，具体是选用适当溶剂溶解样品、静置，将清液倒出，在通风橱中挥发浓缩，浓缩液倒在干净的玻璃板上或者在聚四氟乙烯制成的圆盘上，待溶剂挥发后取下薄膜。也可将浓稠的样品溶液直接涂在卤化物晶片上，成膜后连同卤化物晶片一起进行红外测定。

（2）KBr 压片法

粉末样品一般采用此法。制样步骤如下。

① 称取样品 $1 \sim 2 mg$，在玛瑙研钵中充分磨细，一般需粉碎至 $2 \mu m$。称取干燥的无水 KBr 粉末约 200 mg，放于玛瑙研钵中与样品充分研磨混合均匀，直到混合物中无明显样品颗粒存在为止。（这是因为对于固体样品会由于粉碎不够、粒度过大而引起较强的散射，使谱图基线发生漂移，吸收谱带发生畸变。）

② 研磨过后放在红外灯下干燥约 5min。

③ 组装模具。将模膛装在底座上，然后装入底模（注意抛光面向上），用药匙取大约 100mg 粉末，轻轻抖动使其均匀落于底模，注意尽量铺开，且不可见底；方向应该由中心向外推，为保证成功率，最好中间比周边高些。然后将柱塞（顶杆）轻轻地放在样品上转动两三次，以使样品分布均匀，随后将柱塞置于其上。

④ 将模具置于液压机柱塞间，拧出油压机通气螺丝，关闭泄压阀，手摇油压机压杆。当压力指针指到 $10 \sim 15 MPa$ 之间时停止用力，保持 $1 \sim 2 min$，打开泄压阀，取出模具，除去模具底座，轻轻推出压片。

为防止压出现裂痕，可以反复压两次（因为样品的微晶会受压变形，压力撤去后，有恢复的趋势，会造成压片质量缺陷）。

（3）涂卤化物晶片法

涂卤化物晶片法简称涂膜法。把黏稠的树脂或具有一定黏度的液体，用不锈钢刮刀直接涂在卤化物晶片上。涂很薄的一层试样就可直接在红外光谱仪上测绘谱图。试样厚度不合适时，用不锈钢刮刀涂抹调节试样厚度。例如，未固化的黏稠树脂及油墨、从塑料或橡胶中萃取得到的增塑剂、热固性树脂的裂解液等都适用于涂膜法。

2. 实验操作

（1）开机

确定实验室环境温度在 15～25℃、湿度≤60％才能开机。首先打开仪器的外置电源，稳定半小时，使得仪器能量达到最佳状态。开启计算机，并打开仪器操作平台 OMNIC 软件，检查仪器稳定性。

（2）样品制备

聚合物薄膜样品可直接剪下小块，固定于样品架上进行测试。对于粉末的聚苯胺样品，采用上述 KBr 压片法制样。

（3）扫描和输出红外光谱图

以空气为背景，分别测试薄膜样品和 KBr 压片样品的红外吸收光谱。具体如下。

将制好的纯 KBr 薄片轻轻放在锁式样品架内待测，测试软件操作步骤如下。

① 单击"采集"—"实验设置"，设置扫描次数为 32 次，背景光谱管理模式为"采集样品前采集背景"。

② 单击"采集"—"采集样品"，系统自动提示"请准备背景采集"，此时确定样品仓中为空，再点确定，开始背景采集。

③ 背景采集完成后，系统自动提示"请准备样品采集"（软件采集背景界面见图 3-6）。此时将已经制好的样品固定在样品架上，放入样品仓，点确定，开始样品采集。

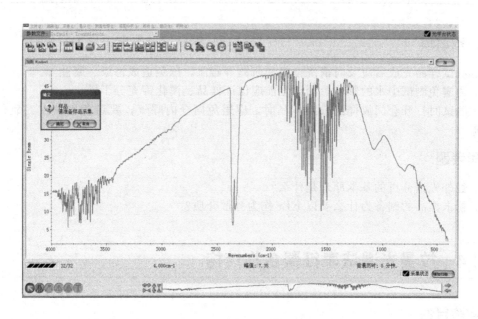

图 3-6　软件采集背景界面

④ 采集完成后，在跳出的框中输入样品名称，并选择加入 window 1。

⑤ 点"文件"—"保存"，保存原始文件，后缀为".SPA"，然后另存为 CSV 格式的文件。

（4）数据分析，谱图检索

点"谱图分析"—"检索设置"，导入所有谱图库到右边的框中，再进行"谱图分析"—

"谱图检索"，找到最匹配的标准谱图。

（5）数据分析，标峰

点"谱图分析"—"标峰"，在谱图界面单击鼠标确定标峰范围，左侧滑块选择标峰灵敏度。标峰完毕后，点右上角的"替代"，并另存一个".SPA"格式的谱图。

（6）关机

先关闭 OMNIC 软件，再关闭仪器电源，盖上仪器防尘罩。

（7）清洗压片模具和玛瑙研钵

KBr 对钢制模具的平滑表面会产生极强的腐蚀性，因此模具用后应立即用水冲洗，再用去离子水冲洗三遍，用脱脂棉蘸取乙醇或丙酮擦洗各个部分，然后用电吹风吹干，保存在干燥箱内备用。玛瑙研钵的清洗与模具相同。

五、数据记录与处理

利用所测得的红外光谱图，导出原始数据，并使用 Origin 等绘图软件作图。从得到的红外光谱图中找出主要基团的特征吸收峰，标注并记录、解析，填入表 3-1。

表 3-1 红外光谱主要特征峰及其解析

波数/cm^{-1}	归属(何种基团/化学键的何种振动)

六、注意事项

1. 测试样品完成后应及时清洗模具和研钵等器皿，以免造成污染、腐蚀等。
2. 为避免测试中水的影响，测试之前应保证样品、溴化钾充分干燥。
3. 测试时打开仓门放样品或换样品时，应避免向仓内呼气，要避免水分或二氧化碳等的影响。

七、思考题

1. 红外光谱分析的基本原理是什么？
2. 粉末样品的制备为什么要以 KBr 作为分散介质？

实验 4 拉曼光谱法表征聚合物结构

一、实验目的

1. 了解拉曼光谱分析的基本原理。
2. 掌握激光显微共聚焦拉曼光谱仪的操作方法。
3. 学会利用拉曼谱图对聚合物进行定性分析。

二、实验原理

拉曼光谱是一种散射光谱，由于具有与红外光谱不同的选择定则而常常作为红外光谱的必要补充而配合使用，可以更完整地研究分子的振动和转动能级，更好地解决结构分析问题。与红外光谱方法比较，拉曼光谱分析因不需要样品制备、不受样品水分的干扰、可以获得骨架结构方面的信息等而日益受到重视。

1. 拉曼光谱基本原理

当一束激发光的光子与作为散射中心的分子发生相互作用时，大部分光子仅是改变了方向，发生散射，而光的频率仍与激发光源一致，这种散射称为瑞利散射。但也存在微量的光子不仅改变了光的传播方向，而且也改变了光波的频率，这种散射称为拉曼散射，其散射光的强度占总散射光强度的 $10^{-10} \sim 10^{-6}$。拉曼散射的产生原因是光子与分子之间发生了能量交换而改变了光子的能量。

拉曼效应是由入射辐射的光子和散射分子间能量交换而产生的。在此过程中分子从一个能量状态向另一个能量状态跃迁，并随之发生能量的补偿变化，其基本方程是

$$h\nu_0 + E_0 = h\nu_s + E_1 \tag{4-1}$$

式中，h 为普朗克常数；ν_0 为入射光（光子）的频率；ν_s 为散射光（光子）的频率；E_0 和 E_1 分别为分子的初始能量和最终能量。频率位移 $\nu_s - \nu_0 = \Delta\nu$ 可以是正值或负值，其大小叫作拉曼频率。散射试样的拉曼频率组构成了它的拉曼光谱。如图 4-1 所示，如 $\nu_s < \nu_0$，即一部分入射光能量交给了物质，光子失去能量，称为斯托克斯（Stokes）散射；如 $\nu_s > \nu_0$，表明入射光从物质内部得到一部分能量，则称为反斯托克斯散射。斯托克斯线对应于分子从低能态向高能态跃迁，并使光子失去其

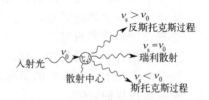

图 4-1　分子光散射的重要过程

能量；反斯托克斯线对应于分子从激发态向低能态的跃迁，使光子增加其能量。斯托克斯线和反斯托克斯线位于瑞利谱线两侧，间距相等。斯托克斯线和反斯托克斯线统称为拉曼谱线。

在拉曼光谱中观察不到光子，但它能扰动分子并引起分子进行振动或转动跃迁。拉曼位移（拉曼频率）与激发频率 ν_0 无关，而与散射试样跃迁的能量变化相当。激发线低频侧（$\Delta\nu$ 为负）与高频侧（$\Delta\nu$ 为正）的图形呈镜面对称。负 $\Delta\nu$ 的强度大于正 $\Delta\nu$ 的强度，后者随 $\Delta\nu$ 的增加而迅速减少。在温度平衡时较高能级的粒子数低于较低能级的粒子数且随能量呈指数递减。散射现象引起的拉曼位移相应于散射分子的振动或转动跃迁，能在可见区内被观察到。随温度升高，反斯托克斯线的强度增加。拉曼光谱仪一般记录的都只是斯托克斯线。

2. 拉曼散射光谱的特征

① 拉曼散射谱线的波数虽然随入射光的波数而不同，但对同一样品，同一拉曼谱线的位移与入射光的波长无关，只和样品的振动转动能级有关。

② 在以波数为变量的拉曼光谱图上，斯托克斯线和反斯托克斯线对称地分布在瑞利散射线两侧，这是由于在上述两种情况下分别对应于得到或失去了一个振动量子的能量。

③ 一般情况下，斯托克斯线比反斯托克斯线的强度大。这是由于 Boltzmann 分布，处于振动基态上的粒子数远大于处于振动激发态上的粒子数。

3. 拉曼光谱与红外光谱的区别与联系

拉曼光谱是研究分子振动的一种光谱方法，其原理与红外光谱不同。红外光谱是吸收光谱，是分子吸收光的能量后，引起分子中偶极矩改变的振动；拉曼光谱是散射光谱，是由于单色光照射分子产生光的综合散射效应，引起分子中极化率改变的振动。但二者提供了相似的结构信息，对于一个给定的化学键，其红外吸收频率与拉曼位移相等，均代表第一振动能级的能量，都是关于分子内部各种简正振动频率及有关振动能级的情况，从而可以用来鉴定

分子中存在的官能团。一般对称振动会出现显著的拉曼谱带。在分子结构分析中，拉曼光谱与红外光谱可以相互补充。拉曼光谱适于表征对称性高而电子云密度变化大的振动，而红外光谱则适于表征对称性低而偶极矩改变大的振动。例如电荷分布中心对称的键，如 C—C、N≡N、S—S 等，红外吸收很弱，而拉曼散射却很强。因此，一些红外光谱仪无法检测的信息在拉曼光谱中能很好地表现出来。

4. 拉曼光谱在聚合物研究中的应用

拉曼光谱可提供聚合物分子结构方面许多重要信息，因此在聚合物研究中得到十分广泛的应用，具体如下：

① 聚合物和共聚物链的构型和构象的研究；

② 螺旋形成的研究；

③ 聚合物晶体和晶体层间力的研究；

④ 聚合物中结晶区和非晶区取向的研究；

⑤ 织态结构的研究（特别是应用低频拉曼光谱）；

⑥ 溶液中链运动的研究；

⑦ 聚合物熔化的研究；

⑧ 交联聚合物和凝胶的研究；

⑨ 于聚合物上施加压力的研究；

⑩ 降解过程的研究。

5. 拉曼光谱仪结构及工作原理

由于拉曼散射很弱，所以需要强度很大的光源。激光使拉曼光谱获得了新生，因为激光的高强度极大地提高了包含双光子过程的拉曼光谱分辨率和实用性。此外，强激光引起的非线性效应导致了新的拉曼散射现象。为了进一步提高拉曼散射的强度，人们先后发展了傅里叶变换拉曼光谱、表面增强拉曼光谱、超位拉曼光谱、共振拉曼光谱、时间分辨拉曼光谱等新技术，使光谱仪的效率和灵敏度得到更大提高。

结合本实验所用仪器 DXR 2xi 型激光显微共聚焦拉曼光谱仪（简称显微拉曼成像光谱仪，如图 4-2 所示），是由激光器（光源）、滤光器、光栅、单色仪、CCD 检测器、高速平台及控制器构成。其工作原理是将拉曼光谱分析技术与显微分析技术相结合（激光拉曼光谱仪工作原理示意如图 4-3 所示）。当样品沿着激光入射方向上下移动时，可将激光聚焦于样品的不同层，所采集的信号也将来自于样品的不同层，从而实现样品的剖层分析。其优点是可以有效排除来自焦平面之外其他层信号的干扰，从而有效地排除溶液本体信号对所需分析的层信号的影响。

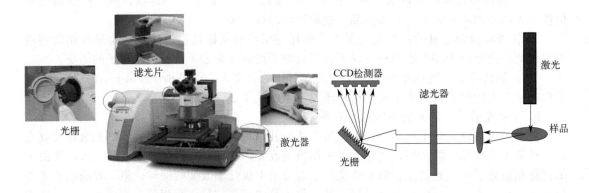

图 4-2　DXR 2xi 型激光显微共聚焦拉曼光谱仪　　　　图 4-3　激光拉曼光谱仪工作原理示意

拉曼光谱属于分子振动光谱。每种物质的拉曼线可以有若干对，每对线对应于物质的两个能级间差值（振动、转动或电子能量间的差值），所以能从分子水平上反映样品化学组成和分子结构上的差异。显微拉曼技术可将激发光的光斑聚焦到微米量级，进而对样品的微区进行精确分析，激光在样品上产生作用的确切部位，可以通过 CCD 检测器和 TV 监视仪清晰地显示出来。

三、实验仪器与试样

1. 实验仪器

DXR 2xi 型激光显微共聚焦拉曼光谱仪。

2. 实验试样

α-氰基丙烯酸乙酯固体样品（结构式见图 4-4）。

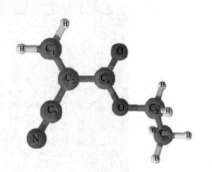

图 4-4 α-氰基丙烯酸乙酯的 3D 结构式

四、实验步骤

1. 启动 DXR 2xi 显微拉曼成像光谱仪

① 开启光谱仪主机电源：长按主机电源按钮，主机成功开启后，听到风扇声即可松开；

② 打开激光控制锁匙；

③ 开启自动控制平台及照明系统电源；

④ 开启计算机，双屏显示器均打开；

⑤ 启动 OMNIC 软件，完成平台初始化和激光预热（约 5min），确保光谱仪连接成功，出现 图标，显示已成功连接。

2. 光路自动准直和标校

① 选择 OMNIC 软件界面中的 "Instrument Settings"，查看激光是否打开；如果没有，先打开激光 " Laser on"，等待预热完成。

② 激光预热完成之后，将校准工具盒放入载物平台，进行仪器自动准直和标校。

进入 "Instrument Settings"，单击 "Align/Calibrate" 项，打开准直界面，根据提示，采用 10 倍物镜聚焦，至准直工具盒中的参考微孔亮斑被清晰观察到。单击 "OK"，仪器进入自动准直和标校。完成后，单击 "OK" 退出。

备注：一般情况下，首次使用的激光器，必须进行准直和标校。再次使用时，可根据实验情况，设置准直周期，一般默认 20～30d。

3. 样品测试

（1）放置样品

将样品放置在无干扰的基底片上，如金镜、锡纸覆盖的载玻片或其他基底等。对于固体粉末样品，可以用小药匙将粉末转移到基底上，稍稍压平，然后放置到载物平台。对于液体样片，可以用滴管或者移液枪将其滴在玻璃板或培养皿上，再转移至载物平台；或者将其他已经制备好的样品直接放置在载物台上。

（2）聚焦样品，选择测试位置

选择 10 倍物镜，通过操作自动控制平台的摇杆，将物镜与样品对齐，对载物平台升降操作进行聚焦，直到可以清晰地观察到样品的表面。再根据样品的特点，选择不同倍数的物镜进行聚焦；同时，在软件界面选择相应的物镜倍数。移动样品，找到待测区域。

（3）采集光谱

首先设置实验参数，单击 "Live Spectrum"，获得拉曼光谱；然后单击 "Video" 停止采集，将鼠标放置在光谱显示区，点鼠标右键，保存到 OMNIC 软件或检索光谱。需要设置的参数一般为激光功率、光阑、曝光时间、曝光次数。一般情况下，激光功率由低开始，逐渐增大，在确保样品不被灼烧的情况下，曝光时间越长、次数越多，所采集到样品光谱的信噪比越好。采集光谱设置界面见图 4-5。

图 4-5　采集光谱设置界面

（4）拉曼成像（XY 成像和 YZ 成像）

首先选择待测区域进行"Start Mosaic"，获得大视野的拼图；然后单击区域选择工具选择待成像区域，或者特征区域自动选择工具，选择多个特征的成像区域；其次单击"Image Regions"（YZ 成像选择"Image Cross Section"），设置成像采集参数，包括激光功率、曝光时间、扫描次数和像素尺寸，单击"Collect Regions"（YZ 成像选择"COL-LECT Cross section"）。待成像完成，数据自动传输到分析显示屏。

3D 成像（XYZ 成像）。选择成像区域之后，单击成像区域大小编辑选项，沿 Z 轴方向，进行成像深度的设置，然后进行 3D 成像数据的采集。拉曼成像设置界面如图 4-6 所示。

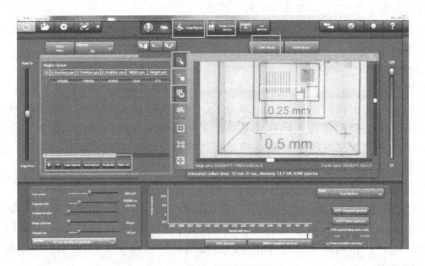

图 4-6　拉曼成像设置界面

（5）数据分析和存储

拉曼光谱和成像数据完成之后，选择相应的分析方法进行数据分析。单击 保存数据。也可单击鼠标右键，将光谱和成像数据传送到 OMNIC 软件进行分析。单击 清除已保存的数据，然后进行下一个成像数据采集。

备注：建议放置和取出样品时，需要先将样品平台降至最低。更换激光器时，需先在软件中将激光关闭，不必关闭软件和光谱仪主机。

4. 关闭 DXR 2xi 显微拉曼成像光谱仪

① 将激光器关闭，然后关闭 OMNIC 软件；

② 关闭自动控制平台电源；

③ 关闭显微镜照明电源；

④ 关闭光谱仪主机电源，长按主机电源按钮至灯熄灭；

⑤ 关闭计算机主机电源。

五、数据记录与处理

将所采集的数据采用 Origin 等作图软件绘图，并结合样品结构信息对所得拉曼谱图进行解析，分析主要出峰的归属，填入表 4-1。

表 4-1 拉曼谱图主要出峰及解析

波长/nm	强度/计数(Counts)	解析(何种化学键/基团的何种振动)

六、注意事项

1. 注意拉曼光谱仪物镜端面的清洁，若物镜受到污染会影响测试结果。

2. 使用拉曼光谱仪时应尽量戴防护眼镜，避免因仪器故障，激光照射人眼。

3. 仪器待机时，应关闭激光器与照明电源。

4. 拉曼光谱仪使用完毕，应盖好拉曼样品仓的保护盖，避免粉尘进入样品仓。

5. 测试时应从小到大调整激光功率，并选择合适的功率，避免激光灼烧样品。

6. 拉曼光谱仪使用结束后，先关闭激光器，断开光谱仪；关掉软件后，等待散热风扇吹 1～2min 再关掉总电源。

七、思考题

1. 拉曼光谱与红外光谱的本质区别是什么，如何判断待测样品是不是具有拉曼活性、红外活性，还是二者都有活性？

2. 结合拉曼光谱的特点，从仪器结构上简述显微拉曼成像光谱仪成为分析测试实验室常见拉曼光谱仪器的主要原因。

实验 5　核磁共振波谱法表征聚合物结构

一、实验目的

1. 了解核磁共振波谱法的分析原理。
2. 了解核磁共振波谱仪的基本结构。
3. 掌握核磁共振波谱测试样品的制备方法。
4. 掌握运用核磁共振图谱分析分子结构的方法。

二、实验原理

核磁共振波谱（或简称核磁共振谱）在有机分子结构测定中扮演着非常重要的角色。核磁共振波谱（NMR）也属于吸收光谱，其频率范围是兆周（MC）或兆赫（MHz），属于无线电波范围。在核磁共振波谱中电磁辐射的频率为兆赫数量级，属于射频区。但是，射频辐射只有置于强磁场 F 的原子核才会发生能级间的跃迁，即发生能级分裂。当吸收的辐射能量与核能级差相等时，就发生能级跃迁，从而产生核磁共振信号。目前对核磁共振谱的研究主要集中在 ^1H 和 ^{13}C 两类原子核的图谱。相应的分析方法分为氢谱（^1H NMR）分析法和碳谱（^{13}C NMR）分析法。其中，高分辨 ^1H NMR 还能根据磁耦合规律确定核及电子所处环境的细小差别，从而成为研究高分子构型和共聚物序列分布等结构问题的有力手段，而 ^{13}C NMR 主要提供高分子 C—C 骨架结构信息。

1. 原子核的自旋与磁矩

核磁共振的研究对象是具有磁矩的原子核。原子核是由质子和中子组成的带正电荷的粒子，其自旋运动将产生磁矩。但实际上，不是所有同位素的原子核都存在自旋运动，只有自旋运动的原子核才具有磁矩。

原子核的自旋运动与其自旋量子数 I 相关。I 与原子核的质量数 A、核电荷数 Z 有关。I 值可为零、整数或半整数，其具体值与 A 和 Z 相关。

A 和 Z 均为偶数时，$I=0$，如 ^{12}C、^{16}O 原子。

A 为奇数，Z 为奇数或偶数时，I 为半整数，如 ^1H、^{13}C、^{17}O。

A 为偶数，Z 为奇数时，I 为整数，如 ^2H、^{14}N。

原则上，自旋量子数 $I \neq 0$ 的原子核都具有自旋运动，而由于原子核自身带有电荷，因此自旋运动使核具有磁矩，所以都可以得到核磁共振信号。但目前有实用价值的仅限于 ^1H、^{13}C、^{19}F、^{31}P 及 ^{15}N 等核磁共振信号，其中氢谱和碳谱应用最广。

磁矩 $\vec{\mu}$ 的方向可用右手定则确定（如图 5-1），$\vec{\mu}$ 可表述为：

$$\vec{\mu} = \gamma \vec{p} \tag{5-1}$$

式中，γ 为核的磁旋比，不同的核具有不同的磁旋比，它是磁性核的一个特征常数；$\vec{p}$ 为自旋角动量，其绝对值可描述为：

$$p = \frac{h}{2\pi} \sqrt{I(I+1)} \tag{5-2}$$

式中，h 为普朗克常数。

2. 核磁共振条件

磁性原子核在外加磁场 B_0 中的取向是量子化的，共有（$2I+1$）种不同的空间取向，

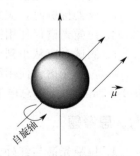

图 5-1　自旋运动与磁矩

分别对应 $(2I+1)$ 个能级。这些能级的能量为：

$$E=-\gamma \frac{h}{2\pi}mB_0 \qquad (5-3)$$

根据量子力学的选择定则可知，能级之间的跃迁只能发生在 $\Delta m=\pm 1$ 的能级之间，其跃迁的能量变化为：

$$\Delta E=\gamma \frac{h}{2\pi}B_0 \qquad (5-4)$$

这个能量的差就是核可以吸收的能量，与信号的灵敏度和强度直接相关。当射频辐射的能量 $h\nu_0$ 等于 ΔE，即 $\nu_0=\frac{\gamma}{2\pi}B_0$ 时，就会发生共振跃迁。

3. 弛豫过程

当电磁波的能量等于样品分子的某种能级差 ΔE 时，分子可以吸收能量，由低能态跃迁到高能态。高能态的粒子通过自发辐射放出能量，回到低能态。一般 ΔE 较大时，自发辐射比较有效，能维持 Boltzmann 分布。但核磁共振波谱中，自发辐射的概率几乎为零，要想维持 NMR 的信号检测，必须要有某种过程，即高能态的核以非辐射的形式放出能量回到低能态，重建 Boltzmann 分布。这个过程就是弛豫过程。

弛豫过程有两种：自旋-晶格弛豫和自旋-自旋弛豫。自旋-晶格弛豫是指自旋核将能量转移至周围的分子（包括固体中的晶格、液体中同类分子或溶剂分子）而转变为热运动，从而使高能态的核数量降低。自旋-晶格弛豫时间与核的种类、样品状态和温度等有关。液体样品的自旋-晶格弛豫时间较短（约 $10^{-4}\sim 10^2$ s），固体样品的自旋-晶格弛豫时间则较长，可长达几个小时甚至更长。自旋-自旋弛豫反映核磁矩之间的相互作用，是指高能态的自旋核把能量转移给同类低能态的自旋核，结果各自旋态的核数量不变，总能量也维持不变。液体样品的自旋-自旋弛豫时间约为 1s，固体样品的自旋-自旋弛豫时间则较短，约为 10^{-3} s。

4. 屏蔽作用与化学位移

根据核磁共振产生的条件，由于 ^1H 核的磁旋比是一定的，所以当外加磁场一定时，所有质子的共振频率应该是一样的。但实际上，不同化学环境中的核周围电子云密度不同，导致其共振频率也不同。当原子核处于外磁场中时，核外电子的运动产生感应磁场，核外电子对原子核的这种作用就是屏蔽作用。实际作用在原子核上的磁场为 $H_0(1-\sigma)$。其中，σ 为屏蔽常数。在外磁场 H_0 的作用下核的共振频率为：

$$\nu=\gamma H_0(1-\sigma)/(2\pi) \qquad (5-5)$$

屏蔽作用使原子的共振频率与裸核的共振频率不同，即发生位移，称为化学位移。实际测试中，以某一标准物的吸收峰为原点，测出其他各峰与原点的距离，以这种相对距离来表示化学位移 (δ)。其定义为：

$$\delta=\frac{\nu_s-\nu_R}{\nu_R}\times 10^6 \qquad (5-6)$$

式中，ν_s、ν_R 分别为样品和标准物的共振频率。由于 $(\nu_s-\nu_R)$ 的值与 ν_R 相比，仅百万分之十左右，因此为方便记录，将上述公式乘以 10^6。最常用的标准物是四甲基硅烷（TMS），它只有一个尖锐的吸收峰。由于它的抗磁屏蔽能力很强，吸收峰出现在高场，一般化合物的 ^1H 峰均出现在 TMS 峰的左侧。

5. 耦合

耦合指分子内部相邻原子自旋角动量的相互作用，这种相互作用会改变原子核自旋在外磁场中的能级分布，造成能级的分裂，从而使核磁共振谱中的信号峰形状发生变化；而且，有的峰发生了分裂，即一个峰分裂为一组峰，这是由于质子之间的自旋-自旋耦合导致了自旋-自旋分裂。如图 5-2 为 1,1,2-三氯乙烷的 ^{1}H NMR 谱，在 3.95、5.77 处出现两组峰，分别对应于 CH_2Cl、$CHCl_2$。前者为双峰，后者为三重峰。

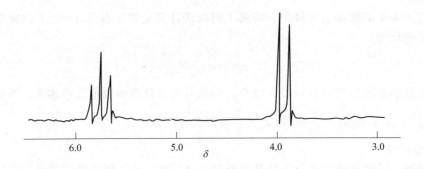

图 5-2　1,1,2-三氯乙烷的 ^{1}H NMR 谱

耦合常数是化学位移之外核磁共振谱提供的另一个重要信息。分裂峰之间的距离称为耦合常数，一般用 J 表示，单位为 Hz，是核之间耦合强弱的标志，说明了它们之间相互作用的能量。因此，其是化合物的结构属性，与磁场强度的大小无关。分裂峰数是由相邻碳原子上的氢数决定的，若邻碳原子氢数为 n，则分裂峰数为 $n+1$。

6. 核磁共振谱仪结构及其工作原理

本实验所用核磁共振波谱仪为 Bruker 公司的 AVANCE Ⅲ 500 型核磁共振波谱仪。其构造及工作原理如图 5-3 所示，主要组成部分功能如下。

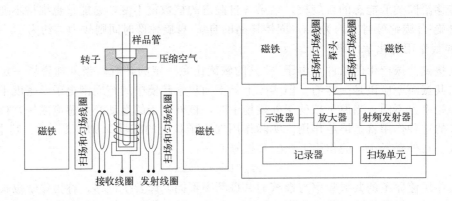

图 5-3　高分辨核磁共振谱仪构造及工作原理

① 磁铁。用以提供外磁场。在有效样品范围内，磁场的均匀度通常要达到 $10^8 \sim 10^9$ 数量级，稳定度也是如此。磁场场强的提高可以提高样品的灵敏度和分辨率。

② 射频发射器和发射线圈。其线圈围绕在样品管外围，用以产生电磁波。电磁波频率可以是固定或连续变化的。若将外磁场的强度固定，靠改变电磁波的频率来产生核磁共振，称为"扫频"。

③ 扫场和匀场线圈。它的线圈围绕在磁铁上，用以改变外磁场的强度。固定电磁波的频率依靠改变外磁场强度来产生核磁共振的方法称为"扫场"。扫场比扫频方便，应用也更广泛。

④ 接收线圈。也称为射频接收器，用以检出被吸收的电磁波的能量强弱。

⑤ 记录器。用以记录检出的信号。

⑥ 样品管。样品管装在管座中。管座为样品管提供恒温，使样品管旋转，样品在磁场中以一定的转速旋转以克服与旋转方向垂直平面内的不均匀性。

三、实验仪器、试样与试剂

1. 实验仪器

Bruker AVANCE Ⅲ 500 型核磁共振波谱仪、NMR 样品管（ϕ5mm）、移液枪（1mL）。

2. 实验试样与试剂

聚乙烯醇、聚甲基丙烯酸甲酯、氘代二甲基亚砜（溶剂）、氘代氯仿（溶剂）、四甲基硅烷（TMS，内标物）。

四、实验步骤

1. 样品准备

将 5mg 样品于 60℃下真空干燥 6h 后，放入直径为 5mm 的核磁共振样品管中，加入 0.5mL 溶剂。其中，聚乙烯醇样品以氘代二甲基亚砜为溶剂，聚甲基丙烯酸甲酯样品以氘代氯仿为溶剂。振荡使其充分溶解，混合均匀。

2. 核磁管的定位

将转子置于样品量规顶部，将核磁管插入转子。根据样品液柱的实际高度调整核磁管的位置，使液柱中心与样品量规上的黑色中心线对齐，核磁管底部最多只能放到样品量规的底部，用软纸轻擦拭核磁管外壁，待测。

3. 放样

在核磁软件"Topspin"界面中进行下述操作。

① 输入"ej"（打开气流），腔内样品弹出悬浮于磁体顶部（或听到气流声后），随转子取出原样品管，将套在转子上的新样品管放入，悬浮于磁体顶部。

② 输入"ij"（关闭气流），样品随气流被送入腔内到达探头顶部。

4. 数据采集

① 输入"edc"，建立实验和读取标准实验参数，根据具体情况，修改部分采样参数。

② 输入"lock"，选择相应溶剂。

③ 输入"getprosol"，读取脉冲宽度和功率。

④ 输入"atma"，自动调谐。

⑤ 输入"topshim"，自动匀场。

⑥ 输入"rga"，自动设置增益。

⑦ 输入"zg"，开始采样。

5. ^{1}H 谱图处理

① 输入"efp"对原始数据进行加窗（通常使用指数窗口函数）傅里叶转换，FID 信号转换成谱图，得到^{1}H 谱图。

② 输入"apk"自动相位调整，或".ph"手动相位校正；先 0 阶相位校正，后 1 阶相位校正。

③ 输入".cal"，利用内标物（TMS）峰校准化学位移。

④ 输入".pp"，手动标峰。

⑤ 输入".int"，手动积分。

⑥ 使用"plot"编辑打印谱图（可以打印为 PDF）。

6. 实验结束

① 输入"lock off"，脱锁，输入"ej"打开气阀，将样品取出。

② 输入 "ij"，关闭气阀。

五、数据记录与处理

根据仪器记录到的谱图，导出原始数据并用数据处理软件作图。记录各类质子的化学位移值并进行分析，填入表 5-1。

表 5-1 ^{1}H NMR 谱中各吸收峰化学位移及其归属

化学位移 δ_H	归属

六、注意事项

1. 核磁管的定位非常重要，切勿将样品管底部超出样品量规；否则，样品送入腔内后将触及探头，导致碎裂。

2. 气阀未打开时，一定不能放入样品管，以防样品管碎裂！

3. 不得使用过粗、过细、弯曲或有裂纹的样品管。如果使用过粗或弯曲的样品管，很容易卡在探头里甚至挤碎石英管；如果样品管过细或者有裂纹，很容易造成样品管在探头内破碎，污染探头。

4. 测试中应控制好溶剂用量，过少会影响自动匀场效果；过多则浪费溶剂而且由于稀释了样品，减少了处在线圈中的有效样品量。一般只要保证样品的长度比线圈上下各多出3mm 即可。

七、思考题

1. 外加磁场的强度是否会影响测得的化学位移值？说明理由。
2. 如何准备液体核磁共振的实验样品？
3. 具备什么条件的化合物才能通过核磁共振谱法测定其分子量？

实验 6 紫外-可见吸收光谱法测定丁苯橡胶中苯乙烯含量

一、实验目的

1. 了解紫外-可见吸收光谱法分析的基本原理。
2. 了解紫外-可见分光光度计结构。
3. 学会使用紫外-可见分光光度计测试物质的吸光度。
4. 通过测定丁苯橡胶中苯乙烯含量，掌握紫外光谱定量分析方法。

二、实验原理

紫外-可见光谱（或紫外-可见吸收光谱）也属于分子吸收光谱，广泛用于有机化合物的定性和定量测定。与其他光谱分析方法相比，紫外-可见吸收光谱法具有操作简单、分析速度快、灵敏度高、准确度高、用途广泛等特点。

1. 紫外-可见吸收光谱基本原理

当使用一束具有连续波长的光照射化合物时，某些化合物的光会被分子不同程度地选择吸收。分子吸收光后，从原有的基态转为激发态，只有当光的能量与被照射物质粒子的基态和激发态能量之差相等时才能被吸收。

若使用的连续光波长为紫外-可见光时，则称为紫外-可见光谱。紫外-可见光区由三个部分组成，即可见光区（400～800nm）、近紫外区（200～400nm）、远紫外区（4～200nm，需在真空下进行，又叫作真空紫外区）。电子光谱的三个区域如图 6-1 所示。紫外-可见吸收光谱法广泛用于有机化合物的定性和定量测定。紫外光谱图是以波长 λ 为横坐标（单位 nm）、吸光度（absorbance）A 为纵坐标绘制而成的。

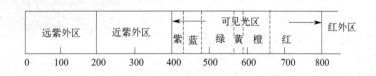

图 6-1　电子光谱的三个区域（单位为 nm）

2. 有机物吸收光谱与电子跃迁

有机化合物的紫外-可见吸收光谱是三种电子跃迁的结果：σ 电子、π 电子、n 电子，如图 6-2 所示。

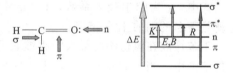

图 6-2　电子跃迁示意

当外层电子吸收紫外或可见辐射后，就从基态跃迁到激发态。主要有四种跃迁（电子跃迁示意见图 6-2），所需能量大小顺序为：n→π* ＜ π→π* ＜ n→σ* ＜ σ→σ*。

（1）σ→σ* 跃迁

饱和烃中的 C—C 键是 σ 键。产生 σ→σ* 跃迁所需能量大，吸收波长小于 150nm 的光子，即在真空紫外区有吸收，在近紫外区无吸收。

（2）n→σ* 跃迁

含 O、N、S 和卤素等杂原子的饱和烃的衍生物可发生此类跃迁，所需能量也较大，吸收波长为 150～250nm 的光子。C—OH 和 C—Cl 等基团的吸收在真空紫外区域内，C—Br、C—I 和 C—NH$_2$ 等基团的吸收在紫外区域内。

（3）π→π* 跃迁

不饱和键中 π 电子吸收能量跃迁到 π* 轨道。不饱和烃、共轭烯烃和芳香烃类可发生此类跃迁，吸收波长大多在紫外区（其中孤立的双键的最大吸收波长小于 200nm）。

（4）n→π* 跃迁

在分子中含有孤对电子的原子和 π 键同时存在时，会发生 n→π* 跃迁，所需能量小，吸收波长大于 200nm。

由上可见，不同类型化学结构的电子跃迁的方式不同，有的基团可有几种跃迁方式。在紫外-可见光谱中主要研究的是在紫外区域有吸收的 π→π* 和 n→π* 跃迁。除上述 4 种电子跃迁方式外，在紫外和可见光区还有两种较特殊的跃迁方式，如无机化合物的 d→d 跃迁和电荷转移跃迁，此处不再赘述。

3. 定量分析原理

物质对紫外光的吸收用吸收曲线来表示。当一束单色光垂直照射到任何均匀的非散射的介质（固、液、气）时，有一部分被吸收（I_a），另一部分透过溶液（I_t）；还有一些部分被样品池表面反射（I_r）。若入射光强为 I_0，则 $I_0 = I_a + I_t + I_r$（图 6-3）。

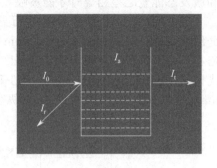

由于光垂直照射，在吸光光度分析中，测量时采用的是相同的样品池，故反射光 I_r 很小（约为 $I_0 \times 4\%$），且基本不变。即对空白及样品测定时，I_r 基本相等，故可忽略其影响。因此，$I_0 = I_a + I_t$。

将透射光强度（I_t）与入射光强度（I_0）之比定义为透光率或透光度（T）。

$$T = I_t / I_0 \tag{6-1}$$

显然，T 越大，说明对光的吸收越弱；相反，T 越小，对光的吸收越强。实验证明，溶液对光的吸收程度与溶液的浓度、液层厚度及入射光波长等因素有关。若保持入射光波长一定，则光的吸收程度与溶液浓度及液层厚度有关。吸光度定义：

图 6-3　介质对光的影响示意

$$A = \lg(1/T) = \lg(I_0/I_t) = \varepsilon bc \tag{6-2}$$

式中，ε 为摩尔吸光系数，$L/(mol \cdot cm)$；b 为样品池厚度，cm；c 为浓度，mol/L。这就是著名的朗伯-比尔定律。

丁苯橡胶在氯仿中的最大吸收波长是 260nm，随苯乙烯含量增加会向高波长偏移。在氯仿溶液中，当 $\lambda = 260nm$ 时，丁二烯吸收很弱，摩尔吸光系数 ε 是苯乙烯的 1/50，可忽略不计。丁苯橡胶中含有少量芳胺类防老剂，在 260nm 和 275nm 处有强度相近的弱吸收，为消除防老剂的影响，为此选定 260nm 和 275nm 处的两个波长进行测定，得到

$$\Delta\varepsilon = \varepsilon_{260} - \varepsilon_{275} \tag{6-3}$$

这样就消除了防老剂特征吸收的干扰。将聚苯乙烯和聚丁二烯两种均聚物以不同比例混合，以氯仿为溶剂测得一系列已知苯乙烯含量所对应的 $\Delta\varepsilon$ 值，做出工作曲线。这样只要测得未知物的 $\Delta\varepsilon$ 值就可从曲线上查出其对应的苯乙烯含量。

4. 紫外-可见分光光度计工作原理

基本原理为：光源发出的光经单色器分光后形成单色光，单色光通过样品池，到达检测器；把光信号转变成电信号，再经过信号放大、模/数转换，将数据传输给计算机，由计算机软件处理得到测试结果谱图。紫外-可见分光光度计的类型较多，可归纳为以下三类。

（1）单光束分光光度计

一束平行光经单色器分光后，轮流通过参比和样品，以进行吸光度的测定。这种简易型分光光度计结构简单，操作方便，适于常规分析。

（2）双光束分光光度计

一束平行光经单色器分光后，经反射镜分解为强度相等的两束光：一束通过参比池；另一束通过样品池。光度计能自动比较两束光的强度，该比值即为试样的透射比。由于两束光同时通过参比和样品，还可自动消除因光源强度变化所引起的误差。

（3）双波长双光束分光光度计

由同一光源发出的光被分成两束，分别经过两个单色器，得到两束不同波长的单色光，

利用切光器使两束光以一定的频率交替照射同一吸收池。

三、实验仪器与试样

1. 实验仪器

Lambda 950 型紫外-可见分光光度计，石英比色皿，容量瓶、滴管等。

2. 实验试样

聚苯乙烯，聚丁二烯，丁苯橡胶，氯仿。

四、实验步骤

1. 样品准备

① 已知样品溶液准备。分别将不同质量比的聚苯乙烯与聚丁二烯混合后（总量 50g），置于 500mL 容量瓶中，加入氯仿，在摇振下溶解后，用氯仿稀释至刻度线，并摇匀。

② 待测样品溶液制备。准确称取待测丁苯橡胶样品 10g，置于 100mL 容量瓶中，加入氯仿；在摇振下溶解后，用氯仿稀释至刻度线，并摇匀。

2. 仪器准备

① 开机。确保样品室无任何测试样品，打开仪器电源开关，仪器进入自检状态，自检过程中禁止打开样品室盖。开机后预热 15min。

② 打开计算机，用鼠标左键双击桌面上 "PerkinElmer UV WinLab" 快捷图标，进入登录界面中，选择用户名，进入程序主界面。

3. 样品测试

① 设置。在 UV WinLab 软件主界面选择测试方法，计算机自动连接 Lambda 950 型分光光度计主机，进入测试页面。单击文件夹列表中的数据采集，进入参数设置页面。在方法设置框内，设置起始波长、结束波长、数据间隔、纵坐标模式。

② 单击数据采集子菜单中的 "校正"，勾选 "100％T/0A 基线（自动归零）"。若测试样品是低透、高吸收的材料，须勾选 "挡光"（自动校准 100）。

③ 单击 "样品信息"，输入样品个数，按回车键确认。

④ 在 UV WinLab 软件主界面上方，单击开始按钮，弹出移除样品并确定执行 "100％T/0A 校正（自动归零）" 窗口。此时，确认样品仓中无样品后，单击 "确认" 按钮，仪器开始执行自动归零后任务。

⑤ 仪器完成自动归零后，弹出放置样品提示窗口后，放入样品，单击确定按钮，开始测试。样品测试完成后，会弹出放置下一个样品的提示窗口，直至完成所有已知样品溶液和未知样品溶液。

⑥ 数据导出。单击 "样品信息"，切换到谱图窗口，在窗口的下方，右击所要保存的样品名称，弹出菜单。选择保存为 ASC 格式，弹出保存窗口，选择 "保存路径"，保存文件。

4. 关机

确认主机为空闲状态，关闭主机电源开关，关闭计算机。

五、数据记录与处理

1. 根据测得的扫描吸收曲线，记录最大吸光度波长值 λ_1 和 λ_2。

2. 在表 6-1 中记录以 λ_1 和 λ_2 为定波长时测得的已知样品在 λ_1 和 λ_2 处的吸光度，分别计算其在 λ_1 和 λ_2 处的 ε 值，从而求得 Δε 值。

3. 根据 Δε 值和对应的聚苯乙烯含量绘制标准曲线，并根据所测得的待测样品的 Δε 值计算其中苯乙烯的含量。将所记录数据填入表 6-1。

表 6-1　原始数据记录表

混合物中聚苯乙烯含量/%	ε/λ_1	ε/λ_2	$\Delta\varepsilon$

六、注意事项

1. 取放比色皿时，应持其磨砂面，避免接触光路通过的"光面"。如比色皿外表面有液体，应用擦镜纸拭干，以保证光路通过时不受影响。

2. 比色皿内盛液应在 $2/3\sim3/4$ 之间，过少会影响实验结果；过多易在测量过程中外溢，污染仪器。

七、思考题

1. 紫外-可见分光光度计分析中，所选溶剂对测试结果会产生怎样的影响？

2. 简述如何合理选择实验条件，以保证实验结果的精确性。

实验 7　X 射线衍射法表征聚合物晶体结构

一、实验目的

1. 了解 X 射线衍射仪结构与工作原理。

2. 掌握不同样品的制备方法。

3. 掌握运用分析软件，分析衍射曲线并计算聚合物结晶度的方法。

4. 了解不同晶型聚丙烯衍射峰的特征。

二、实验原理

X 射线与可见光、红外光、紫外线等同样属于电磁波，具有波粒二象性。其波长比可见光短，与晶体的晶格常数在同一数量级，为 0.1nm 左右。用于晶体结构分析的 X 射线波长一般为 $0.05\sim0.25$nm，穿透能力强。X 射线衍射仪的种类很多，包括研究多晶体的 X 射线多晶衍射仪、研究单晶体的单晶衍射仪、研究微区结构的微区衍射仪等。其中应用最广泛的是 X 射线多晶衍射仪，是科学研究中非常重要的仪器。通过 X 射线衍射仪分析，可以对聚合物进行物相的鉴定，物相含量的半定量分析，以及晶胞参数、晶粒大小、结晶度和应力分析等。

1. X 射线的产生

X 射线是由高速运动的粒子与某种物质撞击后猝然减速，且与该物质中的内层电子相互作用而产生的。用来产生 X 射线的装置称为 X 射线管，如图 7-1 所示，是一种封闭式 X 射线管的剖面。其结构主要包括阴极、阳极、铍窗口和金属聚焦罩。其中，阴极指灯丝，其

功能是发射电子。阳极也称为靶,其功能是接受电子的撞击,使电子突然减速并发射 X
射线。

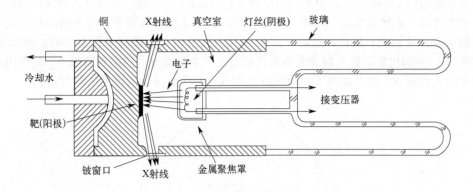

图 7-1　X 射线管剖面示意

2. 产生 X 射线衍射的条件

X 射线照射到晶体上,当入射角满足布拉格方程时,可发生衍射(如图 7-2 为产生 X 射
线衍射的必要条件示意):

$$2d\sin\theta = n\lambda \qquad (7-1)$$

式中,d 为晶面间距,nm;θ 为衍射角;n 为
衍射级数;λ 为 X 射线波长,nm。由于大多数材
料都是由多晶体组成的,理想情况下试样中会存
在无数多个小晶粒,每个晶粒的方向是随机的。
当改变 X 射线的入射角时,总是存在某个晶面
d_{hkl} 能满足布拉格衍射条件。通过记录衍射线的
位置和强度,就可以获得一张衍射图谱。通过对
图谱的标定、分析,可以获得材料的物相、含量、
晶粒大小等信息。

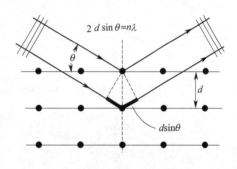

图 7-2　X 射线衍射的必要条件

3. X 射线衍射仪构造与工作原理

X 射线衍射仪的种类很多。其中,X 射线多晶
衍射仪的应用最为广泛。X 射线多晶衍射仪的基本构成包括 X 射线发生器、测角仪、X 射
线探测器、计算机系统及测量记录系统等。X 射线衍射仪结构简图如图 7-3 所示。

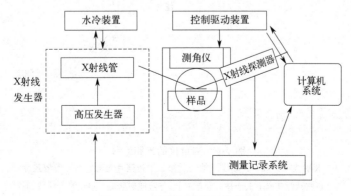

图 7-3　X 射线衍射仪结构简图

（1）测角仪

测角仪是 X 射线衍射仪最精密的机械部件，也是最核心的部分。测角仪的结构如图 7-4 所示，光路系统如图 7-5 所示。其中 S_1 和 S_2 为索拉（Sollar）狭缝，分别设在射线源与样品和样品与检测器之间。索拉狭缝是一组平行薄片光阑，由一系列等间距平行的金属薄片组成，其作用是限制 X 射线在测角仪轴向的发散，使 X 射线束近似仅在扫描圆平面上发散。发散狭缝 F_s 和接收狭缝 J_s 分别用来限制入射光束和所接收衍射光束的宽度。防散射狭缝 F_{ss} 的作用是防止附加散射进入检测器，如各狭缝光阑边缘的散射或光路中其他金属附件的散射等。

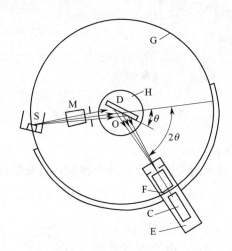

图 7-4　测角仪的结构

C—计数管；D—样品；E—支架；F—接收（狭缝）光阑；G—大转盘（测角仪圆）；
H—样品台；M—入射光阑；O—测角仪中心；S—靶面上的线状焦斑

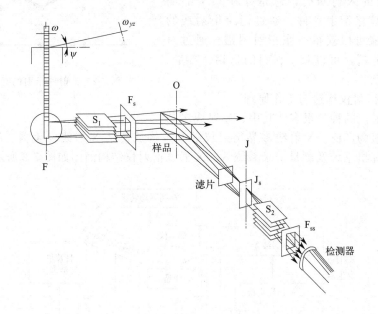

图 7-5　测角仪的光路系统

F—X 射线源焦线；S_1，S_2—第一、第二平行箔片光阑；F_s—发散狭缝；
J—接收狭缝中线；J_s—接收狭缝；F_{ss}—防散射狭缝；O—测角仪转轴线

测试时，管靶面上的线状焦斑发出的 X 射线经 S_1 和 F_s 后照射到样品上，产生的衍射线经防散射狭缝与 S_2 后在光阑 F 处聚焦，然后进入计数管 C。衍射实验过程中，安装在样品台上的样品随样品台与支架以 1∶2 的角速度关系联合转动，以保证入射角等于反射角。联动扫描过程中，一旦 2θ 角满足布拉格方程且样品无系统消光，则样品将产生衍射并被计数管接收转换成脉冲信号，放大处理后经过记录仪描绘成衍射图。

（2）X 射线探测器

X 射线探测器也称计数器，是根据 X 射线光子的计数来确定衍射线是否存在及其强度。衍射仪上常用的有正比计数器、闪烁计数器、半导体探测器以及位敏探测器等。其中，正比计数器和半导体探测器的量子效率和分辨率都比较好。但是，对于高计数率，半导体探测器漏计比较严重。对于短波长和中波长的辐射，闪烁计数器比较实用，可记录高通量，并具有高量子效率和良好的正比性。

（3）计算机系统及测量记录系统

通过计算机软件控制管电流、管电压的升降，设定测试的参数以及记录衍射数据；同时，通过分析软件，以及 PDF 卡片，可以对衍射图谱进行分析，如物相检索、标定，线性分析以及图谱的全谱拟合精修等。

4．X 射线衍射在聚合物研究中的应用

（1）聚合物物相分析

X 衍射花样和衍射线条的数目、位置及其强度就如同人的指纹一样，是物质（相）的"指纹"，反映着每种物质的特征，因而可以根据衍射线条位置和强度确定物相。对一个未知的材料，X 射线衍射可以对其是否结晶进行判断。图 7-6 是用衍射仪记录的不同结构聚合物的衍射图谱。图 7-6(a) 是结晶的低分子物质，每个衍射峰都非常尖锐，说明该物质具有严格的三维周期性结构。图 7-6(b) 为结晶较好的聚合物，但与结晶的低分子物质比较，各衍射峰均变宽。图 7-6(c) 为结晶度低的聚合物，衍射角较小时，衍射峰比较尖锐；随衍射角增加，衍射峰变得平缓。图 7-6(d) 为非晶聚合物，没有明显的尖锐峰，只有一个"钝峰"的连续强度分布曲线。图 7-6(e) 可以认为是典型半结晶聚合物的 X 射线衍射谱，具有图 7-6(b)～图 7-6(d) 三者的特征。

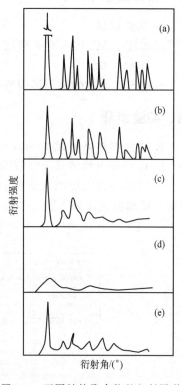

图 7-6　不同结构聚合物的衍射图谱

（2）结晶度的测定

结晶聚合物一般表现为半结晶，其 X 射线衍射图谱可以看成是结晶区和非晶区两部分贡献的加和。运用适当的方法可计算聚合物样品的结晶度，如作图法、结晶指数法、回归线法、衍射曲线拟合分峰计算法、Ruland 法等，借助专业分析软件对曲线进行拟合分峰是较为简便可行的方法。

（3）取向度的测定

利用 X 射线衍射法和光学方法可以研究聚合物的取向度。用光学方法可测量整个分子链或链段的取向，而用 X 射线衍射法可测量微晶晶区分子链的取向。非晶区分子链的取向，则由两种方法测定的结果加以换算得出。

（4）聚合物微晶大小的测定

在不考虑晶体点阵畸变的影响条件下，无应力微晶尺寸可以由谢乐公式［式(7-2)］计算，其式为：

$$L_{hkl} = \frac{K\lambda}{\beta_0 \cos\theta} \tag{7-2}$$

式中，λ 是所用单色 X 射线的波长，nm；θ 为布拉格角，°；L_{hkl} 是垂直于反射面 (hkl) 方向微晶的尺寸，nm；β_0 是纯衍射线增宽（用弧度表示）；K 通常称为微晶的形状因子，与微晶形状及 L_{hkl}、β_0 定义有关。当 β_0 定义为衍射峰最大值的半高宽时，$K=0.9$；当 β_0 定义为积分宽度时，$K=1$。

对于聚合物来讲，谢乐公式只能用来对微晶尺寸作近似估算。在聚合物中点阵畸变普遍存在，通常相当严重，远超过微晶尺寸效应。只有在把点阵畸变所造成的衍射宽化影响去除的情况下，才能得到可靠结果。

三、实验仪器与试样

1. 实验仪器

日本理学 Miniflex 600 型宽角 X 射线多晶衍射仪，玻璃板，玻璃样品框，砂纸。

2. 实验试样

具有不同晶型的聚丙烯模塑样品（80mm×10mm×4mm）若干。

四、实验步骤

1. 将注塑样条锯成 10mm×10mm×4mm 的小块。
2. 由于聚丙烯结晶收缩较明显，样品表面如有凹陷，应用砂纸将测试表面磨平。
3. 将样品放入玻璃样品框中，并用橡皮泥将样品固定在玻璃框中，固定时保证样品测试面与玻璃框表面处于同一平面上。
4. 按下衍射仪面板中"Door Lock"按键，此时衍射仪响起规律的"滴滴"蜂鸣声，打

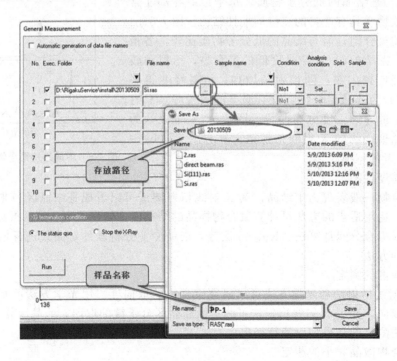

图 7-7　数据保存界面

开衍射仪门,样品板测试面朝上,将其插入样品台。关上衍射仪的门,再次按下"Door Lock"按键,此时蜂鸣声停止。

5. 软件设置。

① 衍射图谱测试软件为 Miniflex Guidance。在软件主界面左下角单击"General Measurement"进入测试主界面。

② 设置保存路径和样品名称,如图 7-7 所示。设置后单击"Save"保存。

③ 设置测试条件。单击测试主界面中"Set Meas.Condtition",进入测试条件设置(图 7-8)。测试采用连续扫描方式,狭缝、管电压和管电流采用默认条件。需要设置的为起始角、终止角、步宽和扫描速度,请根据样品性质自行设置,设置完单击"OK"。

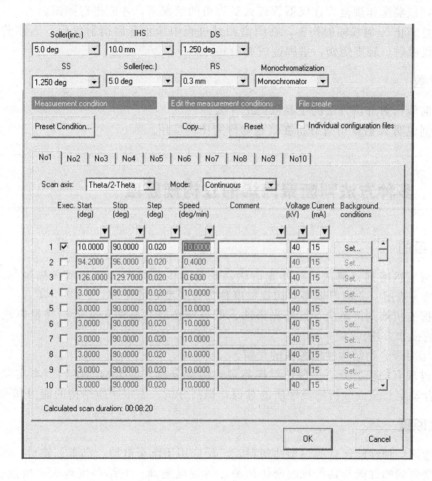

图 7-8 测试参数设置界面

④ 条件设置完后,在测试主界面中,单击"Run"开始测试图谱。测试完毕后图谱自动保存。测试结束后获得 .raw 和 .txt 文件。.raw 文件可以用 Jade 软件打开分析,.txt 文件用于 Origin 或 Excel 等软件绘制曲线图。

五、数据记录与处理

将测试所得的原始数据导出,使用 Origin 等作图软件绘制 X 衍射图谱,并标注主要衍射峰的 2θ 值,见表 7-1。

表 7-1　衍射峰值及分析结果

衍射峰 2θ 值/(°)	晶面间距 d/nm	对应聚丙烯晶型	对应晶面

六、注意事项

1. 遵守仪器操作规范，在仪器管理人员许可的情况下，才能进行测试。

2. 注意防止 X 射线辐射伤害，在图谱测试过程中禁止开启衍射仪门。人体若受到超剂量的 X 射线照射，轻则烧伤，重则造成放射病。

七、思考题

1. X 射线衍射分析方法的主要依据是什么？

2. 举例说明 X 射线衍射分析在聚合物研究中的应用。

实验 8　多种方法判断聚丙烯的立构规整度

一、实验目的

1. 了解有机溶剂溶解法、红外光谱法、低分辨核磁共振法和差示扫描量热法（DSC）分析聚丙烯等规度（业内习惯将立构规整度称为等规度）的原理。

2. 掌握有机溶剂溶解法、红外光谱法、低分辨核磁共振法和差示扫描量热法分析聚丙烯等规度的操作方法。

3. 加深对聚合物结构性能关系的理解。

4. 通过现有的仪器分析手段，对样品进行综合分析，鉴定物质结构。本实验旨在培养同学们综合鉴定、全面分析物质性质的意识，提高分析、鉴定物质结构的能力和水平。

二、实验原理

聚丙烯是一种性能优良的热塑性塑料，广泛应用于电子电器、汽车、建材、医疗、包装等领域。聚丙烯的性能与其等规度密切相关，等规度越高，其结晶度越大，熔点、软化点、热稳定性和耐老化性越高，产品的硬度、刚度和模量等力学性能也越好，但韧性、抗冲击性、断裂伸长率等性能则有所下降；同时，等规度对聚丙烯的加工性能也有重要影响。因此，分析聚丙烯的等规度对于预测和分析其加工性能和使用性能具有重要意义。

1. 等规度概念及物理意义

众所周知，聚丙烯 $[CH_2\!=\!CHCH_3]_n$ 按其中取代基—CH_3 的立体位置、排列方向和次序的不同，分为等规、间规和无规三种立体构型。其中，等规聚丙烯和间规聚丙烯属于立构规整性聚合物，立构规整度的评价指标为等规度，即表示立构规整性聚合物含量的百分数。等规度一般用等规指数间接衡量。目前测试聚丙烯等规指数常用的分析方法如下：有机溶剂溶解法、红外光谱法或低分辨率核磁共振法。以下分别进行介绍。

2. 常见的聚丙烯等规度测试方法

(1) 有机溶剂溶解法

聚丙烯是非极性有机化合物，对极性有机溶剂很稳定，但是比较容易在非极性有机溶剂中溶解。温度越高，溶解越快。在一定温度下它可溶解在二甲苯、十氢萘、四氢萘、1,2,4-三氯代苯中。聚丙烯等规指数有机溶剂溶解法主要利用等规聚丙烯、间规聚丙烯和无规聚丙烯在有机溶剂中溶解度的差异，在特定温度的有机溶剂中无规聚丙烯可以完全溶解，而间规聚丙烯和等规聚丙烯则不可溶解。目前可以应用于有机溶剂溶解法的有机溶剂主要有正庚烷、正辛烷和二甲苯等。

国家标准 GB/T 2412—2008 规定的正庚烷抽提法是成品分析的仲裁方法，其分析依据是利用聚丙烯中等规、间规和无规部分在沸腾的正庚烷溶液中的溶解度差异。分析方法是将一定量的试样放在索氏萃取器中，用沸腾正庚烷回流萃取。由萃取前后试样的质量，计算不溶于正庚烷的质量分数，即为等规指数。利用该方法分析出的成品等规度值可以用于市场上同类产品的横向比较，但该方法操作过程中影响因素较多，应严格按照国家标准的规定条件进行操作。此外，其分析过程还受到很多因素的影响，如试样颗粒大小、试样的干燥和退火、试样量、萃取采用的溶剂及其使用量、抽提次数、萃取时间、萃取后烘干时间、余压和温度、试样冷却时间等。

上述国家标准法的不足主要有以下两点。①分析时间长，效率低。国家标准规定回流时间为24h，如果萃取6h的实验结果与抽提24h一致，可萃取6h；在实际分析中总时间不少于30h，即使回流时间缩短为6h，总时间也至少为12h。②方法中使用干冰、正庚烷等物质，不利于环保。针对这些问题，就需要对上述国家标准方法进行改进，其中本实验中所用方法是将各个环节中测试温度、测试时间等条件进行改变，从而得以改进。已有研究者证实，本实验中所采用方法的测试结果与国家标准条件下测试结果的差值是一个恒定值；利用误差分析 F-信度检验法验证，两种分析方法的结果标准偏差没有显著性差异，置信度达到99%以上。对快速分析方法的结果进行补偿计算后，完全可以替代国家标准分析方法结果。快速分析方法的分析时间缩短至6h左右，而且在节约成本的同时，提高了安全性。

(2) 红外光谱法

如前所述，在高分子研究中，应用最广泛的是红外光谱中的中红外区。中红外光谱可分为官能团部分及指纹部分。官能团部分（4000～1330cm^{-1}）为化学键和基团的特征振动频率部分，其吸收光谱主要反映分子中特征基团的振动，基团的鉴定工作主要在这一光谱区域进行。指纹部分（1330～400cm^{-1}）吸收光谱较复杂，但可以反映分子结构的细微变化。

结晶聚合物的红外光谱相对比较复杂，对于结晶等规聚丙烯，在中红外范围内只能观察到构象谱带和构象规整谱带。研究发现，不同构象规整谱带与特定的螺旋序列长度有关，998cm^{-1} 对应结晶区中的 11～12 个重复单元的协同运动。973cm^{-1} 对应无定形和结晶链中的 5 个重复单元。利用聚丙烯红外光谱特征吸收峰的吸光度比值（A_{998}/A_{973}）来表征聚丙烯等规度，并根据 D. Brufield 提出的经验公式可以定量计算聚丙烯的等规度：

$$等规度 = \frac{A_{998}/A_{973} + (1.05 \pm 0.03)}{1.08 \pm 0.02} \tag{8-1}$$

红外光谱法的优点是简单、快速、准确、重复性好、不污染和破坏样品，适合于工业化的生产。研究表明，分析过程中样品的均匀性、装样松紧程度以及样品的干燥程度对测定结果均有较大影响。分析人员在测试的过程中要保证样品均匀且有代表性。样品测试时，装样的松散程度与建立标准曲线时相同，并且应确保测试样品的干燥度。

(3) 低分辨核磁共振法

低分辨核磁共振仪测试原理为：采用无线电波激发样品，使处于低能级的原子核跃迁到高能级。当外加无线电波撤除后，由于高能级的原子核要跃迁回低能级，便产生了核磁共振信号；并且所观测到的核磁信号是随时间衰减的信号，称之为弛豫过程。该衰减信号可以提供两个信息：一是核磁信号的强度取决于样品中所测量原子核的数目；二是信号衰减的速度取决于所测量原子核的运动状况。等规聚丙烯、间规聚丙烯中核的信号衰减得快，而无规聚丙烯中核的信号衰减得慢。基于核磁信号的这两个特点，对聚丙烯进行不同的激发和采样，可以得到不同的数据，以进一步利用等规和间规聚丙烯共振衰减信号与正庚烷萃取值之间的比例关系，建立线性关系的标准曲线，并由此准确测定聚丙烯的等规度。

与传统萃取法相比，本方法分析时间短、操作简单、试样用量少且可回收利用，安全环保，可用于中间控制的等规度分析。研究表明，该方法的重复性和精确性均符合国家标准的要求，并且与传统萃取法相比，两种方法的检验结果无显著性差异，完全可以用来替代传统萃取法进行中间控制分析。

低分辨率核磁共振法的缺点主要如下：一是仪器昂贵，成本较高；二是分析过程中影响因素较多；三是标准曲线使用限制条件较多，分析方法的稳定性差。此外，由于标准曲线是基于萃取法的结果建立的，因此仲裁实验应采用萃取法，核磁共振波谱法不适于成品分析。此外，分析数据会随着催化剂、添加剂或控制温度、压力等生产工艺参数的改变而变化。如果应用同一条标准曲线会造成测量结果的不准确。在实际应用中，不同的牌号要建立不同的标准曲线。同一牌号的不同批次，由于生产工艺参数有细微改变，也应采用国家标准萃取法测定的结果，在标准曲线上添加数据点，重新对曲线进行校正。图 8-1 分别为同一牌号产品的粉料标准曲线和加入添加剂造粒后的粒料标准曲线，二者斜率和截距均不同。

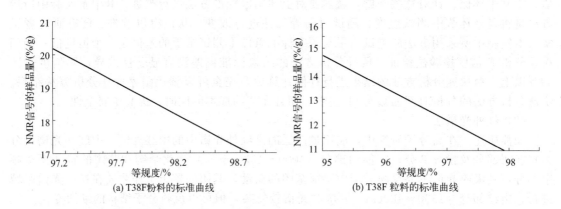

图 8-1　T38F 产品的粉料标准曲线和加入添加剂造粒后的粒料标准曲线

（4）差示扫描量热法

如前所述，差示扫描量热法（DSC）是一种常用的聚合物表征手段。它是一种在程序控温的条件下，测量输入到样品和参比物的能量差与温度关系的一种技术。当聚合物发生各种转变时，在 DSC 曲线上会出现基线上升峰或下降峰等现象，由此可以判断聚合物的转变温度以及结晶聚合物的结晶度等信息；同时，对于由手性单体聚合而成的聚合物，其结晶度直接受到立构规整度的影响。在通常情况下，聚合物的立构规整度越高，相同条件下其结晶度也越高。

利用 DSC 确定聚合物结晶度的方法如下：

① 找到 DSC 曲线上聚合物的熔融结晶峰；

② 利用计算机确定所选峰的面积；

③ 使用式(8-2)计算聚合物的结晶度。

$$f_c = H_f / H_f^* \times 100\%\qquad(8\text{-}2)$$

式中，f_c 为结晶度，100%；H_f 为试样的熔融热，kJ/kg；H_f^* 为100%结晶物质的熔融热。

三、实验仪器与试样

1. 实验仪器

① 有机溶剂溶解法仪器：粉碎机、筛子、真空干燥箱、萃取器、圆底烧瓶。

② 红外光谱法仪器：Nicolet-5700型傅里叶变换红外光谱仪、美国Thermo Electron公司的 Universal Film Maker Model No. 0019-030e型压膜机、天津市拓普仪器有限公司 FW-4A型粉末压片机、压片模具、药匙、镊子。

③ 低分辨核磁共振法仪器：布鲁克 Mq-20型小核磁分析仪、Julabo F32恒温水浴、真空烘箱、玻璃样品管（ϕ10mm）。

④ 差示扫描量热法仪器：耐驰 DSC214型差示扫描量热仪、铝坩埚、压制机、镊子。

2. 实验试样

① 有机溶剂溶解法试样：正庚烷、不同等规度的聚丙烯样品颗粒。

② 红外光谱法试样：光谱纯溴化钾、不同等规度的聚丙烯样品颗粒。

③ 低分辨核磁共振法试样：不同等规度的聚丙烯样品颗粒。

④ 差示扫描量热法试样：不同等规度的聚丙烯样品颗粒。

四、实验步骤及数据处理

1. 有机溶剂溶解法

① 将适量的粒料放入粉碎机中粉碎，用筛子选取颗粒直径小于2.0mm的样品。将筛选出的样品放在（100℃，0.6MPa）真空箱内干燥1h，然后将该样品置于干燥器内冷却至室温。

② 将洗净的玻璃萃取器放在（100℃，0.6MPa）真空箱内干燥0.5h，置于干燥器内，冷却至室温，然后称量，精确到0.1mg。

③ 精确称量冷却后的试样5.0000g（精确到0.0001g），放入萃取器中。

④ 在圆底烧瓶中加入200mL正庚烷（同时加入几粒沸石）。

⑤ 用少量的正庚烷湿润聚合物，然后放在圆底烧瓶上，接上冷凝器，打开冷却水，开始加热。正庚烷沸腾后，调节加热温度，使正庚烷从萃取器中连续流出。沸腾萃取1h后，停止加热，并使正庚烷冷却至60℃以下。

⑥ 从圆底烧瓶上移去萃取器，吸出留在萃取器内的正庚烷，将萃取器放在100℃的真空箱内恒温。在真空箱内（100℃，0.6MPa）干燥1h后取出萃取器，放入干燥器中冷却至室温，称重（C）。

⑦ 数据记录与处理：

$$等规指数(\%) = [(C-A)/B] \times 100\% - 0.7\qquad(8\text{-}3)$$

式中，A 为玻璃萃取器质量，g；B 为试样质量，g；C 为萃取后瓶和试样总质量，g。

2. 红外光谱法

（1）样品制备

采用美国 Thermo Electron公司的 Universal Film Maker Model No. 0019-030e型压膜机制备聚丙烯试样。采用天津市拓普仪器有限公司的 FW-4A型压片机加压成片。压膜机的模具内径为20mm，装填粒料约为0.06g。当压膜机温度稳定在170℃后，将称量好的粒料置于衬铝箔的压膜模具中，然后将压膜机整体放入压片机内加压至9MPa；保持压力2min后，将压力升至47MPa，恒温恒压1min，卸去压力，抽出压膜模具，降至室温，取出聚丙烯薄片，薄片厚度约为 $140\mu m$。

（2）红外测试

采用红外光谱仪测试聚丙烯薄片的红外谱图。设置波长范围为 $400\sim4000cm^{-1}$，扫描次数为 32 次，分辨率为 $4cm^{-1}$。

红外光谱仪及配套测试软件的操作详见"实验 3"中实验步骤。在每个样品薄片上取 5 个点测试其红外谱图。

（3）数据记录与处理

根据所测得的红外吸收光谱，读取并记录波数为 $998cm^{-1}$ 和 $973cm^{-1}$ 处的吸光度值，并利用上述式(8-1) 计算聚丙烯样品的等规度。

3. 核磁共振波谱法

（1）样品预处理

将收集并编号的聚丙烯颗粒样品在真空干燥箱内干燥 1h 以上，取出后冷却 30min，然后放入水浴中加热 15min 以上。放入小核磁测量孔后，稳定 2min 以上再进行测量。主要操作条件见表 8-1。

表 8-1　主要操作条件

技术参数	操作条件	技术参数	操作条件
磁体温度/℃	40	增益动态范围/dB	60
扫描次数	16	死时间/μs	28

（2）标准样品的选取

选取同一牌号的聚丙烯粒料或粉料 5 份作为标准样品，其等规度在生产控制范围内呈梯度分布，用传统萃取法准确测得其等规度值。

（3）标准曲线的建立

以核磁信号强度比值为横坐标，以萃取法获得的等规度值为纵坐标，测得 5 个点。通过直线拟合得到核磁信号与等规度间线性关系的基本曲线，通过曲线校正，剔除偏差较大的点。当核磁法与萃取法测得结果偏差小于 0.2% 时，基本曲线即可作为标准曲线使用。在以后的工作中可以不断补充新的标样点，调整曲线斜率与截距，直到曲线的斜率和截距不再随新增点而变化或变化很小，即得到最终的标准曲线。应注意的是，对应于不同牌号或不同状态产品等规度的曲线，其斜率和截距均不相同。

（4）未知样品的标定

采用核磁共振波谱法测试待测样品，记录其核磁信号强度比。

（5）数据记录与处理：

将上述步骤（3）中数据记录至表 8-2 中，并由表制作标准曲线，并根据所测未知样品的核磁信号强度比，采用标定法计算其等规度。

表 8-2　核磁共振波谱法测试数据记录表

已知样品等规度/%	核磁信号强度比	等规度值(由萃取法得到)

4. DSC 测定结晶度实验步骤及数据处理

① 样品制备：将样品颗粒磨成粉末状待用。

② DSC 样品的制备及测试过程详见"实验16"实验步骤。

③ 使用式(8-2)计算各聚丙烯样品的结晶度。

五、注意事项

1. 在有机溶剂溶解法实验中，应注意严格控制称量时的精确度；涉及溶剂的操作应在通风橱中进行。

2. 在核磁共振波谱法实验中，考虑到萃取法结果的误差，应在基本曲线的基础上，根据实际情况在基本曲线上补充新的样点，直至曲线的斜率和截距不再随新增点而变化或变化很小；而且，核磁共振波谱法结果与萃取法结果的偏差小于0.2%时，方可作为标准曲线。

六、思考题

1. 聚合物的结晶度受到哪些因素的影响?

2. 简述多种分析聚丙烯等规度的方法各有何优缺点。

3. 根据多种方法所测试的聚丙烯等规度结果，对所测样品的等规度情况进行综合评价。

第二章

聚合物的形貌观察

实验 9　偏光显微镜观察聚合物球晶形态

一、实验目的

1. 了解偏光显微镜的基本结构和原理。
2. 掌握聚合物偏光测试样品的制备方法。
3. 掌握偏光显微镜的使用方法，利用偏光显微镜观察聚合物结晶形态，并学会测量聚合物球晶尺寸。

二、实验原理

在不同结晶条件下，聚合物结晶可以有不同的形态，如单晶、球晶、纤维晶及伸直链晶体等。当结晶聚合物从熔体中冷却结晶时，在不存在应力或流动的情况下，聚合物倾向于生成球状多晶聚集体，通常呈球形，故称为球晶。球晶是聚合物结晶的一种最常见的特征形式。结晶聚合物材料的使用性能，如光学透明性、力学性能等与材料内部的结晶形态，包括晶粒大小及完善程度等有着密切的关系。因此，对于聚合物结晶形态的研究具有重要的理论和实际意义。利用球晶的结构特点，使用偏光显微镜对其进行观察，可以直观得到球晶的结构信息，如球晶尺寸及尺寸分布、球晶密度及分布情况等。

1. 聚合物球晶结构

如前所述，球晶是聚合物结晶的一种最常见的特征形式。球晶直径可以很大，甚至可达厘米数量级。对于直径几微米以上的球晶，用普通的偏光显微镜可以进行观察；对于直径小于几微米的球晶，则用电子显微镜或小角激光散射法进行研究。

球晶的基本结构单元是具有折叠链结构的晶片，厚度在 10nm 左右。许多这样的晶片从一个中心（晶核）向四面八方生长，发展成为一个球状聚集体。电子衍射实验证明了球晶分子链总是垂直于球晶半径方向排列的。球晶生长过程见图 9-1，具体顺序如下。

① 具有相似构象的高分子链段聚集在一起，形成一个稳定的原始核。

② 随着更多的高分子链段排列到核的晶格中，核逐渐发展成一个片晶。

③ 片晶不断生长；同时，诱导形成新的晶核，并逐渐生长分叉，原始的晶核逐渐发展成一束片晶。

④ 一束片晶进一步生长，并分叉生长出更多的片晶，最终形成一个球晶。实验证实，球晶中分子链垂直于球晶的半径方向。

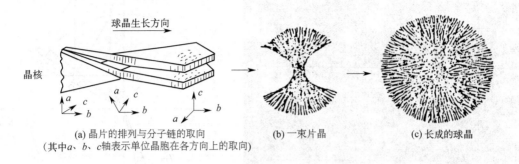

(a) 晶片的排列与分子链的取向
(其中a、b、c轴表示单位晶胞在各方向上的取向)
(b) 一束片晶
(c) 长成的球晶

图 9-1　球晶生长过程

2. 偏振光与双折射

根据光的波动理论，一束光可以分解为矢量的振动。一般这种振动发生在与传播方向垂直的所有方向上，并且各方向上的振动幅度相等，这种光线称为天然光或非偏振光。而偏振光是指矢量的振动方向有一定规律的光线，其中光矢量在一个平面内振动的光线称为线性偏光。该平面称为振动面，它可由天然光通过偏振器获得，偏光显微镜中的偏振片即为偏振器。

当介质中的原子、分子等在三维空间完全无规排列时，对于任何入射方向和偏振方向的光线的折射率都是相等的，称为光学各向同性介质；但有许多物体如结晶等对不同振动方向的偏振光有不同的折射率，称为双折射介质。

用偏光显微镜观察球晶的结构就是基于聚合物球晶所具有的双折射性和对称性。当一束光线进入各向同性的均匀介质中时，光速不随传播方向而改变，因此各方向都具有相同的折射率。而对于各向异性的晶体来说，其光学性质是随方向而异的。当光线通过它时，就会分解为振动平面互相垂直的两束光，它们的传播速度除光轴外，一般是不相等的，于是就产生两条折射率不同的光线。这种现象被称为双折射。晶体的一切光学性质都和双折射有关。

分子链的取向排列使球晶在光学性质上是各向异性的，即在平行于分子链和垂直于分子链的方向上有不同的折射率。在偏光显微镜下观察时，在分子链平行于起偏镜或检偏镜的方向上将产生消光现象，呈现出球晶特有的黑十字消光图案（称为"maltase"十字）。如图 9-2 所示为全同立构聚苯乙烯球晶的偏光显微镜照片。

球晶在偏光显微镜下出现"maltase"十字的现象可以通过图 9-3 来解释，图中起偏镜的方向垂直于检偏镜的方向（正交），通过起偏镜进入球晶的偏振光的电矢量 OR 即偏振光的振动方向沿 OR 方向。图 9-3 球晶的双折射绘出了任意两个方向上偏振光的折射情况，偏振光 OR 通过与分子链发生作用，分解为平行于分子链的 η 和垂直于分子链的 ε 两部分。由于折射率不同，两个分量之间有一定的相差，显然 η 和 ε 不能全部都通过检偏镜。只有振动方向平行于检偏镜方向的分量 OF 和 OE 能够通过检偏镜。

由此可见，在起偏镜的方向上，η 为零，$OR=\varepsilon$；在检偏镜方向上，ε 为零，$OR=\eta$。在这些方向上分子链的取向使偏振光不能透过检偏镜，视野呈黑暗，形成"maltase"十字。

此外，在有的情况下，晶片周期性地扭转，从一个中心向四周生长，球晶环状消光的光学原理如图 9-4 所示。这样，在偏光显微镜中就会看到由此而产生的一系列消光同心圆环。如图 9-5 所示为带有同心消光圆环的聚乙烯球晶的偏光显微镜照片。

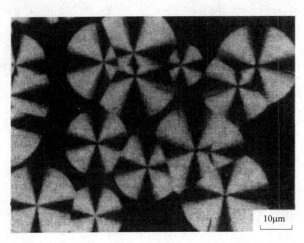

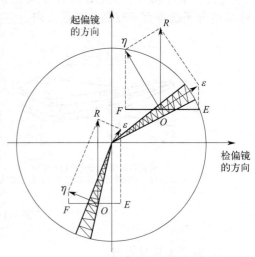

图 9-2　全同立构聚苯乙烯球晶的偏光显微镜照片

图 9-3　球晶的双折射

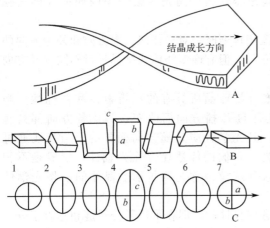

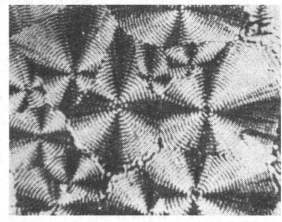

图 9-4　球晶环状消光的光学原理

图 9-5　带有同心消光圆环的聚乙烯
球晶的偏光显微镜照片

　　多数情况下,偏光显微镜下观察到的球晶形态不是球状,而是一些不规则的多边形。这是由于许多球晶以各自的任意位置的晶核为中心,不断向外生长。当增长的球晶和周围相邻球晶相碰时,则形成任意形状的多面体。

三、实验仪器与试样

　　1. 实验仪器

　　XP-213 型偏光显微镜(其结构如图 9-6 所示)、热台、镊子、载玻片、盖玻片。

　　2. 实验试样

　　聚丙烯、聚乙烯。

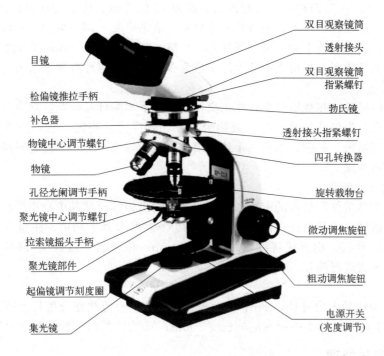

图 9-6   XP-213 型偏光显微镜结构

双目观察镜筒
透射接头
双目观察镜筒指紧螺钉
勃氏镜
透射接头指紧螺钉
四孔转换器
旋转载物台
微动调焦旋钮
粗动调焦旋钮
电源开关(亮度调节)

目镜
检偏镜推拉手柄
补色器
物镜中心调节螺钉
物镜
孔径光阑调节手柄
聚光镜中心调节螺钉
拉索镜摇头手柄
聚光镜部件
起偏镜调节刻度圈
集光镜

四、实验步骤

1. 样品制备

（1）等温结晶样品制备

首先将一片盖玻片放在 230℃ 的热台上，然后将一小块聚丙烯或聚乙烯粒料放在盖玻片上，待样品完全熔融（样品完全透明）后，于熔融样品上加上另一盖玻片，用镊子加压成膜，使样品尽量薄。保温 2min，然后在 5min 内将热台温度降到 150℃，样品在 150℃ 电炉热台上保温至少 8min 使其充分结晶（此时可用砝码压住盖玻片）；然后将样品转移到一载玻片上，室温冷却待观察。

（2）非等温结晶样品制备

首先将一片盖玻片放在 230℃ 的热台上，然后将一小块聚丙烯或聚乙烯粒料放在盖玻片上，待样品完全熔融（样品完全透明）后，于熔融样品上加上另一盖玻片。用镊子加压成膜，使样品尽量薄，保温 2min，然后将样品转移至一载玻片上，使其在室温下结晶，并待冷却后观察。

2. 偏光显微镜调整

（1）灯光照明

调节亮度推钮，直到获得所需亮度。一般情况下，不要将照明调至最强状态；否则，灯泡满负荷下工作寿命将大大缩短。

（2）正交偏光观察

确认起偏镜、检偏镜均处于光路中。此时，两偏振镜处于正交，即检偏镜偏振方向为南北向，起偏镜方向为东西向。

（3）分度尺的标定

选择合适的放大倍数的目镜和物镜。本实验中提供目镜放大倍数为 10，物镜放大倍数则有 10、25、40、63 等四种，标定时选取倍数为 10 的物镜。注意所选目镜需带有分度尺。将载物台显微尺放在载物台上，调节焦距至显微尺清晰可见，调节载物台使目镜分度尺与显微尺基线重合。显微尺长 1.00mm，等分为 100 格。观察显微尺 1mm 占分度尺多少格，即可知在当前放大倍数下，目镜上的分度尺 1 格为多少毫米，将此数据记录为 χ mm/格。

3. 结晶形态观察

将制备好的样品放在载物台上，在正交偏振条件下观察球晶形态。观察试样时，一般先用低倍物镜观察，先调节粗动手轮使载物台上升让试样接近物镜，然后边观察边使试样下降，直到观察到图像。最后，用微调手轮精细调焦至图像清晰为止。此时转换至其他倍率物镜，基本可达到齐焦。

4. 球晶尺寸的测量

对于等温结晶条件下制备的聚丙烯样品，要求读出相邻两球晶中心连线在分度尺上所占的格数，即可估算出球晶直径。读数时，需以 10 个数据求其平均值。注意读数时所用的物镜放大倍数，如为 10，则直接将读取的格数乘以 mm/格（已经过显微尺标定）；如为其他倍数，则需用下式进行换算。

$$D = a\chi \times 10/M \tag{9-1}$$

式中，D 为球晶平均直径，mm；a 为相邻两球晶中心连线在分度尺上所占格数的平均值；χ 为目镜上的分度尺 1 格所对应的长度，mm；M 为读数时的物镜放大倍数。

五、数据记录与处理

1. 画出用偏光显微镜所观察到的球晶形态示意图。

2. 记录各样品结晶条件，并记录等温结晶样品中所读取到的相邻两球晶中心连线距离，计算球晶平均直径，记入表 9-1。

表 9-1 实验数据记录表

样品名称	结晶温度/℃	结晶时间/min	放大倍数	球晶尺寸/mm	球晶尺寸平均值/mm

六、注意事项

1. 物镜是显微镜最关键的光学部件，应注意保持清洁，不得碰撞。

2. 偏光显微镜的照明灯采用高功率密度的微型卤钨灯，寿命较短，一般不要将亮度调到最高，且在不用时随时关灯。

3. 制样时加热台的温度较高，注意安全，防止烫伤。

4. 制样时应控制好熔融、结晶温度和结晶时间、压样的力度等条件，所制样品应尽量薄且避免产生过多气泡。

七、思考题

1. 简述偏光显微镜法观察聚合物球晶形态的原理。

2. 结合实验讨论影响球晶生长的主要因素和实验中应注意的问题。

3. 聚合物结晶体生长依赖什么条件，在实际生产中如何控制晶体的形态？

实验 10　扫描电子显微镜观察聚合物结晶形态

一、实验目的

1. 了解扫描电子显微镜的基本结构和工作原理。
2. 了解扫描电子显微镜观察样品断面形貌的操作方法。
3. 对不同断面形貌的样品进行对比观察，对比其断裂机制。

二、实验原理

从前述偏光显微镜实验中可以观察到聚合物球晶的黑十字消光图案；而对于大多数结晶聚合物，通过小心地刻蚀聚合物的表面，可将其非晶部分刻蚀掉，留下结晶部分形态。用扫描电子显微镜在不太高的放大倍数下就能观察到非常清晰的结晶形态，如为球晶则可观察到形象的球状形态，比传统的偏光黑十字消光照片更加直观。

1. 电子束与物质的相互作用

扫描电子显微镜是利用扫描电子束从固体表面得到的反射电子图像，在阴极射线管（CRT）的荧光屏上扫描成像的。电子束与固体物质的相互作用是一个很复杂的过程，是扫描电子显微镜能显示各种图像的依据。当高能入射电子束轰击固体试样表面时，由于入射电子束与样品表面的相互作用，将有 99％ 以上的入射电子能量转变为样品热能；而余下约 1% 的入射电子能量将从样品中激发出各种有用的信息，如二次电子、背散射电子、吸收电子、透射电子、俄歇电子、特征 X 射线以及阴极荧光、感应电动势等。入射电子束轰击样品产生的主要信号如图 10-1 所示。

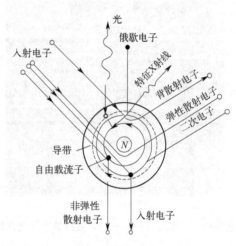

图 10-1　入射电子束轰击样品产生的主要信号

① 二次电子。从距样品表面 10nm 左右深度范围内激发出来的低能电子称为二次电子。二次电子能量为 $0\sim50eV$，大部分只有 $2\sim3eV$。二次电子的发射与试样表面的形貌及物理、化学性质有关，所以二次电子成像能显示出试样表面丰富的微细结构。

② 背散射电子。入射电子中与试样表层原子碰撞发生弹性和非弹性散射后从试样表面反射回来的那部分一次电子统称为背散射电子。背散射电子发射深度为 $10nm\sim1\mu m$。

③ 吸收电子：随着入射电子在试样中发生非弹性散射次数的增多，其能量不断下降，最后被样品吸收。

④ 透射电子：当试样薄至 $1\mu m$ 以下时，便有相当数量的入射电子可以穿透样品。透过样品的入射电子称为透射电子，其能量近似于入射电子能量。

⑤ 俄歇电子：从距样品表面几纳米深度范围内发射的并具有特征能量的二次电子。

⑥ 特征 X 射线：部分入射电子将试样原子中内层 K、L 或 M 层上的电子激发后，其外层电子就会补充到这些剩下的空位上去，这时它们的多余能量便以 X 射线形式释放出来。每一元素的核外电子轨道的能级是特定的。因此，其产生的 X 射线波长也有特征值。这些 K、L、M 系 X 射线的波长一经测定，就可确定发出这种 X 射线的元素；若测定了 X 射线的强度，就可确定该元素的含量。

2. 扫描电子显微镜成像原理

扫描电子显微镜利用细聚电子束在样品表面逐点扫描，与样品相互作用产生各种物理信号。这些信号经检测器接收、放大并转换成调制信号，最后在荧光屏上显示反映样品表面各种特征的图像。扫描电子显微镜具有景深大、图像立体感强、放大倍数范围大且连续可调、分辨率高、样品室空间大且样品制备简单等特点，是进行样品表面研究的有效工具。

3. 扫描电子显微镜基本结构及工作原理

本实验所用的德国 Zeiss Supra 55 型扫描电子显微镜的照片见图 10-2。扫描电子显微镜结构及工作原理示意如图 10-3 所示，主要由以下部分组成：电子光学系统、扫描系统、信号检测系统、显示系统、电源和真空系统。

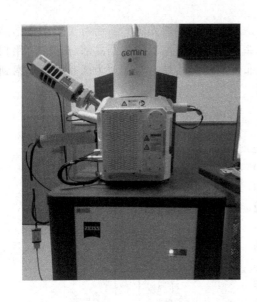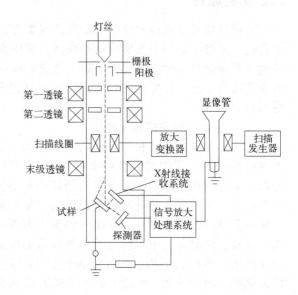

图 10-2　德国 Zeiss Supra 55 型扫描电子显微镜　　　图 10-3　扫描电子显微镜结构及工作原理示意

① 电子光学系统：通常称为镜筒，其作用是获得扫描电子束，作为使样品产生各种物理信号的激发源。为了获得较高的信号强度和扫描图像（尤其是二次电子图像）分辨率，扫描电子束应具有较高的亮度和尽可能小的束斑直径。

② 扫描系统：其作用是驱使电子束以不同的速度和不同的方式在试样表面扫描，以适应各种观察方式的需要。快速扫描在调整成像时使用，或在进行动态观察时使用，图像质量较差。慢扫描一般用于记录图像。它在高倍工作时，由于束流很小，有了足够长的信号收集时间便可以提高信噪比，从而改善图像质量。

③ 信号检测系统：是对入射电子束和试样作用产生的各种不同的信号，采用各种相应的信号探测器，把这些信号转换成电信号加以放大，最后在显像管上成像或用记录仪记录下来。常用的有二次电子探测器和背散射电子探测器。

④ 显示系统：其作用是把已放大的备检信号显示成相应的图像，并加以记录。一般扫描电子显微镜都用两个显像管来显示图像和记录图像。

⑤ 电源和真空系统：由稳压、稳流及相应的安全保护电路所组成，提供扫描电子显微镜各部分所需的电源。真空系统的作用是建立能确保电子光学系统正常工作、防止样品污染所必需的真空度。

从阴极发出的电子受 5～30kV 高压加速，经过 3 个磁透镜三级缩小，形成一个很细的电子束，聚焦于样品的表面。入射电子与试样中的原子相互作用而产生二次电子。这些二次电子经聚焦、加速（10kV）后打到由闪烁体、光电倍增管组成的探测器上，形成二次电子信号。此信号随试样表面形貌、材料等因素而变，产生信号反差经视频放大后，调制显像管亮度。由于显示器的偏转线圈电流与扫描线圈中的电流同步，因此显像管荧光屏上的任一点的亮度便与试样表面上相应点发出的二次电子数一一对应。结果像电视一样，在荧光屏上形成一试样表面的图像，图像可直接观察也可拍照。

图像放大倍数由显像管屏幕尺寸和电子探针扫描区的尺寸之比来决定（长度比）。当显像管显示面积不变时，调节样品高度，改变镜筒内扫描线圈的扫描电流，就可以方便地改变图像的放大倍数。扫描电子显微镜的分辨率主要取决于信噪比、电子束斑的直径和入射电子束在样品中的散射。此外，电源的稳定度、外磁场的干扰等也对分辨率有影响。

4. 表面形貌衬度观察

扫描电子显微镜的图像衬度主要是利用样品表面微区（如形貌、原子序数或化学成分、晶体结构或位向）的差异，在电子束作用下产生不同强度的物理信号，导致阴极射线管荧光屏上不同的区域亮度不同，从而获得一定衬度的图像。

表面形貌衬度是扫描电子显微镜最常遇到的衬度机制。它是利用上述的二次电子信号作为调制信号得到的一种图像衬度，这主要是由于二次电子对样品表面形貌变化比较敏感。二次电子信号的强度对样品微区表面相对于入射束的取向非常敏感。随着样品表面相对于入射束的倾角增大，二次电子的产额增多。因此，二次电子像适合于显示表面形貌衬度。

二次电子像的分辨率较高，一般为 3～6nm。其分辨率的高低主要取决于束斑直径，而实际上真正达到的分辨率与样品本身的性质、制备方法，以及电子显微镜的操作条件如高压、扫描速度、光强度、工作距离、样品的倾斜角等因素有关。

扫描电子显微镜图像表面形貌衬度几乎可以用于显示任何样品表面的超微信息，其应用已渗透到许多科学研究领域，在失效分析、刑事案件侦破、病理诊断等技术部门也得到广泛应用。在材料科学研究领域，表面形貌衬度在断面分析等方面显示了突出的优越性。

5. 扫描电子显微镜在聚合物研究工作中的主要应用

① 聚合物、共聚物、嵌段共聚物和共混物的形态。

② 两相及多相聚合物的细微结构。

③ 聚合物网络结构。

④ 断裂的表面、粗糙的表面。

⑤ 黏结剂及其失效。

⑥ 填充物和纤维增强塑料。

⑦ 有机涂料（颜料的分散性、浮动性；黏结剂对颜料和基体的附着力；因为发霉而引起的风化、粉化、起泡、裂纹或漆膜在水中溶胀等）。

⑧ 泡沫聚合物的泡孔形态。

⑨ 塑料的挤压及模压成型性能。

三、实验仪器与试样

1. 实验仪器

德国 Zeiss Supra 55 型扫描电子显微镜、镀膜仪。

2. 实验试样

聚乙烯颗粒或注塑样条。

四、实验步骤

1. 样品准备

（1）样品薄片的制备

样品（结晶聚乙烯薄片）的制备方法同实验 9 中偏光显微镜样品的制备，分别制备等温结晶、非等温结晶的聚乙烯样品。

（2）试样的刻蚀

配制混合刻蚀剂：称取三氧化铬 50g，用 20mL 水溶解后，再加入 20mL 浓硫酸。

样品的刻蚀：将结晶聚乙烯和聚丙烯薄片在刻蚀剂中于 80℃下缓慢搅拌作用约 15min，取出水洗、干燥。刻蚀剂对样品的晶区和非晶区具有不同的选择性蚀刻作用，刻蚀后可更清晰地显示样品的结晶结构形态。

（3）真空镀膜

将上述处理的样品用导电胶固定在样品座上，待导电胶干燥后，放入真空镀膜机中镀上 10nm 厚的金膜。

2. 开机

① 启动不间断电源（UPS），打开空气开关，确认 UPS 后面电池开关打开；按前面面板上"开关机"键至两个绿灯亮，启动 UPS。

② 启动循环水冷机，按"Power"键，确认水泵 1 和制冷指示灯亮，检查出水口压力在 $2\sim3$bar（1bar$=10^5$Pa）。出水口压力可由压力表下方阀门调节。若有报警，检查水位。

③ 启动空气压缩机，确认空气压缩机上启动阀门上开关为"I"状态。检查输出气压为 $5\sim6$bar。

④ 确认主机后两个电源开关状态为"On"。此时，主机前面板上红灯亮。按下黄键"Standby"。此时前级机械泵进入工作状态，分子泵和离子泵自动顺序启动。

⑤ 等待 $5\sim10$s，按下绿键，计算机自动开机。

⑥ 计算机开机完成后，双击桌面上的"SmartSEM"软件，输入用户名和密码后登录软件。

⑦ 首先检查"Gun Vacuum"真空值，等待真空就绪。当该值 $\leqslant5\times10^{-9}$mbar 时，可启动灯丝。若长期停机，需做烘烤。单击"Gun On"按钮，开启灯丝。等待灯丝电流加大，观察右下方"Gun"状态。等待"Gun"状态打钩后表示完成灯丝的启动，打开"TV"，检查样品台，完成仪器启动开机。

3. 装样和换样

① 在备用样品台上装好样品，并记录样品形状、编号和位置。尽量保持各样品观察点高度基本一致，确定样品不会脱落，并用洗耳球吹一下。

② 单击"EHT Off"关闭高压，选择"Vacuum"选项，单击"Vent"。样品台自动下降，系统会自动打开阀门充入高纯氮，破坏样品室里面的系统真空；等待几分钟后，当样品室里面的气压和大气压相等时，即可打开舱门。

③ 确认样品座底下的缺口位置，将样品座插入样品台上，并缓慢关上舱门。

④ 单击"Pump"开始抽真空，留意 Vacuum 面板上"Sytem Vacuum"真空状态。当真空就绪时，右下方的"Vac"变成打钩状态。

4. 成像观察

① 双击"EHT"。根据样品性质，选择不同大小的加速电压，电压范围在 $0.02\sim30$kV，然后单击"EHT On"进行加高压。

② 双击"Signal A"，根据实际情况选择不同的探头，有"SE2"、"inlens"、"AsB"等

3 种探头可选。

③ 通过实验台上 2 个操纵杆，即可实现对样品的前后、左右、上下、倾斜、旋转等五个维度的移动，以便于更好地观察样品。利用这两个操作杆，将样品台升至工作距离 5～10mm 处，平移对准样品。可打开"stage navigation"帮助定位。

④ 单击工具栏上的 1 快捷键进行全屏快速扫描，左右滚动 Mag 滚轮，缩小放大倍数至最小；同时，左右滚动 Focus 滚轮进行聚焦。可以通过 Tab 键进行粗调"Coarse"或细调"Fine"，并调节键盘上方的"亮度"和"对比度"按钮进行亮度和对比度的调整。

⑤ 必要时需进行消像散。在选区扫描模式下，依次调"Stigmation X、Y"和"聚焦"，直到图像最清晰。

⑥ 必要时，需要进行光阑对中。在选区快速扫描模式下，单击"Aperture"面板上，选上"Wobble"，或者按动键盘上的"Wobble"键，调节"Aperture X、Y"，消除图像水平晃动。完成后取消"Wobble"。

⑦ 在 Scanning 面板选择消噪模式，一般用"Line Avg"。选择扫描速度和 N 值，使"Cycle Time"在 40s 左右为宜，或者在菜单栏上选择不同的快捷键进行扫描速度的选择。单击"Freeze"，等待扫描完成。单击鼠标中键（滚轮）或右键，弹出快捷菜单→"Send to"→"Tiff file"。常用 Tiff 格式，Tiff 格式能记录仪器相关拍摄信息以方便日后查阅。然后，设置文件夹、命名文件，设置文件名后缀，点击"Save"；存储结束后，单击"Freeze"，进行下一次扫描。

注意形貌观察一般遵循以下原则。

① 首先做低倍观察，全面了解和掌握材料整体形貌特征，再确定重点观察部位。

② 提高放大倍数，观察聚合物晶体的精细结构。

③ 存储。单击鼠标中键（滚轮）或右键，弹出快捷菜单→"Send to"→"Tiff file"。设置文件夹，取文件名，设置文件名后缀，点击"Save"。当存储结束后，单击"Unfreeze"，再单击快速扫描按钮。

5. 关机

① 平时待机：关闭高压（EHT）。

② 关闭 SmartSEM 软件，关闭 Windows 界面。按下黄键，此时电子光学系统、样品台及检测系统电源关闭。电子显微镜真空系统和灯丝继续工作。

③ 按下红键，关闭水冷机，关闭 UPS，关闭空气开关。

五、数据记录与处理

图 10-4 列出了非等温结晶聚乙烯球晶的扫描电子显微镜照片，其中右图为左图中所选区域的放大效果。

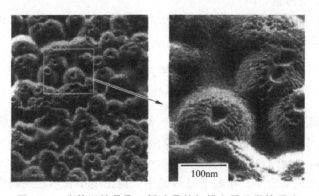

图 10-4　非等温结晶聚乙烯球晶的扫描电子显微镜照片

六、注意事项

调光阑对中和消像散应由主管教师操作，其他人勿动。

七、思考题

1. 样品的表面为什么要蒸镀一层导电层？蒸镀导电层常用的材料有哪些？观察样品表面形貌图像时常蒸镀何种材料的导电层？
2. 聚合物晶体形态与其结晶条件有何对应关系？

实验 11　透射电子显微镜观察共混聚合物形态结构

一、实验目的

1. 熟悉透射电子显微镜的基本构造，了解透射电子显微镜的操作规程。
2. 了解不同聚合物样品的制备方法。
3. 运用透射电子显微镜观察聚合物共混物的形态结构。

二、实验原理

透射电子显微镜（TEM，简称透射电镜）是研究聚合物凝聚态结构及复相形态结构十分有效的工具之一。例如，应用透射电镜发现了聚合物的单晶体，用电子衍射方法观察了分子链在晶片中的排列，从而提出在高分子结构方面具有突破性进展的折叠链结构概念，并且已成功地拍摄到各种高分子材料的分子构象及其缺陷结构等。

1. 基本原理

透射电镜与光学显微镜相似，只是前者采用电子束代替了可见光束；同时，采用静电透镜或电磁透镜代替普通的玻璃透镜。当电子束照射到样品上以后，可以产生吸收电子、透射电子、二次电子、背散射电子和 X 射线等信号。利用这些信号成像，可以得到不同的图像。透射电镜是利用透射电子成像的。运动的电子与光一样具有波粒二象性。根据能量守恒定律，电子在真空中的运动速度 v 与加速电压（U）有如下关系：

$$eU = \frac{1}{2}mv^2 \tag{11-1}$$

式中，e 为电子电荷量，$e = 1.6 \times 10^{-19}$ C。

电子显微镜中所用的电压一般在几十千伏以上，因此必须考虑相对论效应。经相对论修正后，电子波长与加速电压之间的关系为：

$$\lambda = \frac{h}{\sqrt{2m_0 eU\left(1 + \frac{eU}{2m_0 c^2}\right)}} \tag{11-2}$$

式中，h 为普朗克常数，6.63×10^{-34} J·s；m_0 为电子的静止质量，9.11×10^{-31} kg；c 为光速，3.0×10^5 km/s。一般透射电镜的加速电压为 $50 \sim 100$ kV，相应的电子波长为 $0.00536 \sim 0.0037$ nm。

运动电子具有波粒二象性。在电子显微镜中，讨论电子在电、磁场中的运动轨迹，讨论试样对电子的散射等问题是从电子的粒子性来考虑的；而讨论电子的衍射以及衍射成像问题时，是从电子的波动性出发的。

2. 透射电镜的构造及工作原理

(1) 透射电镜的构造

电子显微镜的结构和光学显微镜相似，由电子枪、聚光镜、样品室、物镜、投影镜和照相室组成。图 11-1 为本实验所用 Tecnai G2 F20 型透射电镜的外观。透射电镜光路构造如图 11-2 所示。

透射电镜由电子光学系统、真空系统、电源系统和操作控制系统组成。其中，电子光学系统是核心。它又分为照明、成像及观察记录、辅助系统。透射电镜电子光学系统的核心是磁透镜。照明系统由电子枪和聚光镜组成，它的作用是提供一个亮度高、尺寸小的电子束。电子束的直径则取决于聚光镜，电子束的亮度取决于电子枪。电子枪又分为阴极灯丝、栅极、加速阳极三部分，是电子显微镜的照明光源。灯丝通过电流后发射出电子，栅极电压比灯丝负几百伏，作用是使电子汇聚，改变栅压可以改变电子束尺寸。加速阳极具有比灯丝高数十万伏的高压，其作用是使电子加速，从而形成一个高速运动的电子束。测试时，样品在物镜的物平面上，物镜的像平面是中间镜的物平面，中间镜的像平面是投影镜的物平面，荧光屏在投影镜的像平面上。物镜和投影镜的放大倍数固定，通过改变中间镜的电流来调节电子显微镜总放大倍数 M。M 越大，成像亮度越低，成像亮度与 M^2 成反比。高性能透射电镜大都采用 5 级透镜放大，中间镜和投影镜有两级。中间镜的物平面和物镜的像平面重合，荧光屏上得到放大像。中间镜的物平面和物镜的后焦面重合，得到电子衍射花样。

图 11-1　Tecnai G2 F20 型透射电镜外观

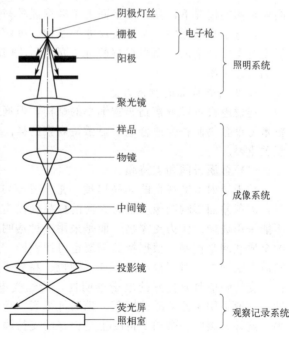

图 11-2　透射电镜光路构造

值得一提的是，透射电镜对真空系统要求较高，电镜的真空度一般应保持在 10^{-5} Torr (1Torr＝133.322Pa)，这需要机械泵和油扩散泵两级串联才能得到保证。目前的透射电镜增加一个离子泵以提高真空度，真空度可高达 133.322×10^{-8} Pa 或更高。一般镜筒内部应为高真空。因为空气运动的电子与气体分子碰撞而散射，使得电子的平均自由路程很小；电子枪中的高压需要处于高真空中，以免引起放电；高真空可以延长阴极灯丝寿命；试样处于高真空中可以减少污染等。

（2）透射电镜电子成像的衬度

成像的分辨率、放大倍数和成像的衬度是显微镜的三大要素。如果成像不具备足够的衬度，即使电子显微镜具有很高的分辨率和放大倍数，人的眼睛也不能分辨。一幅高质量的图像必须具备以上三方面的要求。电子显微镜所形成的图像主要有振幅衬度和位相衬度，振幅衬度又包括质厚衬度和衍射衬度。

质厚衬度又称为散射衬度。电子在试样中与原子相碰撞的次数愈多，散射量就愈大，散射的概率与试样厚度成正比。另一方面，原子核愈大，试样的密度也愈大，所带的正电荷及价电子数就愈多，散射也愈多。因此，总散射量正比于试样的密度和厚度的乘积，被称为试样的质量厚度。试样中各个部位质量厚度不同，引起不同的散射。当散射电子被物镜光阑挡住，不能参与成像时，则样品中散射强的部分在成像中显得较暗，而样品中散射较弱的部分在成像中显得较亮。试样中质量厚度低的地方，由于散射电子少，透射电子多而显得亮些；反之，质量厚度大的区域则暗些。由于质量厚度不同形成的衬度称为质厚衬度。

衍射衬度：在观察结晶性试样时，由于布拉格反射，衍射的电子聚焦于物镜的一点，被物镜光阑挡住，只有透射电子通过光阑参与成像而形成衬度，这样所得到的成像称为明场像。当移动光阑时，使透射电子被光阑挡住，衍射的电子通过光阑成像，则可得到暗场像。晶体不同部位结构或取向的差别导致衍射强度不同而形成的衬度，称为衍射衬度。

位相衬度：入射电子束中的电子在与试样中原子碰撞过程中产生散射，位相衬度的本质是从试样的各个原子散射的次波的干涉效应引起的。电子波与入射电子波产生位相差，在非高斯聚焦的情况下，在图像平面上干涉形成的衬度称为位相衬度。

在电子显微像中，对于大尺寸的结构，振幅衬度是主要的；对于微小尺寸的结构，位相衬度的重要性增加。而当观察轻元素的极小细节（1nm 以下）时，位相衬度就几乎成为唯一的反差来源。

3. 聚合物样品的制备方法

透射电镜可以观察到非常细小的结构，但通常不能直接观察聚合物材料，而是通过各种技术将聚合物制备为适合电子显微镜观察的样品。因此，电子显微镜制样技术对图像的质量至关重要。

（1）金属载网和支持膜

用于透射电镜观察的样品厚度一般应小于 100nm。较厚的样品会产生严重的非弹性散射，因色差而影响图像质量；太薄的样品则没有足够的衬度。由于电子束的穿透能力很弱，不能采用玻璃片作为支撑物，而是采用一种透明电子薄膜附着在金属网上作为支持膜。常用的金属载网是铜网，根据特殊需要也可用镍网、金网、铍网等。纤维、薄膜、切片等可直接安放在铜网上。对于很小的切片、颗粒、高分子单晶、乳胶粒等细小材料则必须有支持膜支撑。支持膜应具有良好的电子透明性，能经受电子轰击，并有较高的热稳定性和化学稳定性，一般采用聚乙烯醇缩甲醛、硝酸纤维素、聚乙烯醇和醋酸纤维素的溶液在蒸馏水表面成膜。此外，碳膜、微栅支持膜也是很好的支持膜。碳膜可用真空镀膜仪喷镀 20nm 左右厚度的碳而制得。

（2）粉末样品的制备

粉末状材料一般采用悬浮分散法制备样品，过程如下。对于可溶性高分子，一般先配制成 0.1%~0.5%（质量分数）的稀溶液。具体方法是用玻璃棒蘸取试样少许，放入装有溶剂的青霉素小瓶中，充分摇匀；若感觉稀释不够，可倾去部分稀释液后再行稀释，直至满意为止。对于很难分散的试样，可在溶剂中加入少量乳化剂等促进分散，也可将小瓶放入超声波清洗器中振荡片刻。

观察高分子颗粒样品的大小形状时，可采用其极稀的悬浮液或乳液，一般配成万分之几到十万分之几的稀溶液；同时，还用超声波法进一步去分散悬浮液或乳液中的颗粒。对于胶乳样品还应该设法减少或防止胶乳干燥过程中胶粒的收缩变形或产生凝胶。因此，依据胶乳样品的性质，在干燥前可分别采用冷冻干燥、染色或射线辐照等方法使胶粒硬化。

（3）聚合物薄膜浇铸法

若需研究结晶性聚合物的形态结构及接枝共聚物、嵌段共聚物和共混物的相态结构等，则可采用此法。用样品的良溶剂把样品配成一定浓度的溶液（一般为 $0.5\%\sim1\%$），使样品充分溶解后在甘油、水或水银等表面上成膜，所用溶剂应易挥发。这样制成的薄膜常用于研究样品的形态结构。

（4）超薄切片法、离子减薄法

超薄切片法即采用超薄切片机对样品直接进行切片。该方法适宜于观察研究样品的内部结构，要求样品必须具有适宜的硬度，这就要求必须在样品的玻璃化转变温度以下进行切片。对于玻璃化转变温度较低的样品，必须在冷冻条件下才能进行超薄切片。该方法能提供厚度为 100nm 以下的切片样品。对于纤维、薄膜、颗粒状或小块试样，须用树脂包埋固定，再用硬质玻璃刀（或金刚石刀）切成电子束可以穿透的薄片。所用的包埋剂必须对试样本身的结构不起破坏作用（如溶胀或溶解），较常使用的包埋剂有邻苯二甲酸二丙烯酯、甲基丙烯酸甲酯与甲基丙烯酸丁酯的均聚物或共聚物、环氧树脂等。对于一些软的聚合物材料如热塑弹性体试样，或分子主链含有不饱和双键的高分子材料，可先把它切成小于 1mm 的小块或细条，随后置于 1% 的四氧化锇（OsO_4）水溶液或四氧化钌（RuO_4）水溶液中浸泡 72h，从而增加其硬度并提高图像的反差；然后再把这种染色并硬化的试样小块用环氧树脂包埋固化后进行超薄切片。该技术也可用于聚乙烯、聚丙烯等结晶型样品的染色。

一些高分子材料可用离子轰击减薄后供透射电镜观察。它是把材料切成 0.5mm 以下的薄片，再预磨到 0.03mm 左右的厚度，然后用离子束轰击将试样逐层剥离，最后得到适于透射电镜观察的薄膜。离子减薄法对设备和操作的要求均较高，制作一个样品所用的时间也相当长。

（5）刻蚀、复型和投影法

刻蚀的目的是除去一部分结构，从而可以突出需要的结构。该方法是利用刻蚀剂与样品中形态结构不同的区域（如晶态聚合物中的晶区和非晶区）或不同组分（如共混、填充聚合物等）之间相互作用的速度或程度上的不同，从而在刻蚀过程中有选择地溶解或破坏其中的一相而保留另一相。利用刻蚀法可以研究聚合物的结晶形态及共混或填充聚合物中的相分布状态及各相之间的相互作用状况等。刻蚀方法主要有三种：溶剂刻蚀、酸刻蚀和等离子或离子刻蚀。溶剂刻蚀是靠溶剂的溶解除去易溶性分子；酸刻蚀是用强酸选择性氧化某一相，使高分子断裂为碎片而被除去。等离子或离子刻蚀是用等离子或离子带电体攻击聚合物表面，除去表面的原子或分子，由于除去速度的差异而产生相之间的反差。

刻蚀表面不能直接用于观察，必须经过复型及投影。复型是指采用某种材料（如聚乙烯醇、聚丙烯酸等）"复制"出样品的表面形貌以获得一个可供观察的样品表面的复制品。复型分为一级复型和二级复型。一级复型是负复型，直接从样品表面复制，其效果较好，但剥离较难；二级复型是二次复制品，是正复型，分辨率有所下降，但容易剥离。

由于一般所用复型材料仅含轻元素，其散射电子的能力很弱，且同一复型膜本身不同区域之间厚度差别很小，这种差别不足以形成足够的反差。因此，单纯用复型膜进行透射电镜观察很难看清样品表面的结构细节。复型法制成的样品须经过一次投影后方可进行透射电镜观察，即在真空蒸发器中以一定角度向样品表面或复型面蒸发一层金属。常用的投影材料为铂、金、铬、钯-铂合金等。通常投影可以清楚地显示出样品表面结构的轮廓线，增大成分反差；同时，也可以通过投影法测定颗粒状样品的尺寸及样品表面的台阶高度等。

（6）染色

透射电镜观察超薄聚合物样品时，为了获得反差好且清晰的图像，需把聚合物试样染色。染色常用锇、钨、银、铝等的氧化物和盐类，不同聚合物可用不同的方法染色。一般生物样品可采用正染色，即利用铅、铀、铜等重金属对被检物进行电子染色，提高反差。本体高分子通常也采用"正染色"，使目标区域染色而在电子显微镜下成为黑色。在高分子材料中用得较多的染色剂是四氧化锇和四氧化钌。四氧化锇对含不饱和键的聚合物可同时起到交联固化和染色两种作用，并已广泛用于苯乙烯-丁二烯-苯乙烯嵌段共聚物、聚苯乙烯、聚氯乙烯等的染色。用四氧化锇染色的方法如下。①水溶液染色，一般用 1%～2% 四氧化锇水溶液浸泡样品。②蒸气染色，将四氧化锇晶体置于试管底部，并用水浴加热到 50℃，利用四氧化锇的蒸气进行染色。对含有—NH_2 的高分子化合物，同样可被四氧化锇染色固定，从而有利于包埋超薄切片和提高其图像的反差。四氧化钌的氧化性比四氧化锇更强，它可以与饱和高分子反应而对其染色固定。

4. 透射电镜在聚合物研究中的应用

透射电镜在聚合物中具有越来越广泛的应用，如观察聚合物表面起伏的微观结构、观察聚合物结晶结构、观察多相组分的聚合物微观织态结构以及颗粒状聚合物的形状、大小及分散情况等。

三、实验仪器与试样

1. 实验仪器

Tecnai G2 F20 型透射电镜，DM220 型高真空镀膜台，超声波清洗器，青霉素小瓶，玻璃棒，铜镍网，弯头镊子，培养皿，滤纸，$\phi=3mm$ 的碳棒等。

2. 实验试样

块状聚酰胺（尼龙）/乙丙橡胶共混物，1.5%火棉胶，1.5%磷钨酸水溶液，2%乙酸铀水溶液，2%的四氧化钌溶液，2%的四氧化锇溶液。

四、实验步骤

1. 制作覆膜铜网（火棉胶膜加碳膜）

（1）覆火棉胶膜

在一直径约为 10cm 的培养皿中装适量双蒸水，滴一滴 1.5% 的火棉胶液于水面上，一段时间后，水面上即有一层火棉胶膜。通过观察膜的颜色判断膜的厚度及好坏，以平展光滑的银白色为佳。将铜镍网铜面朝下放置在理想的膜上，用镊子轻轻按一下网，使之与膜贴紧。用滤纸粘接网膜，自然干燥或经 30～60℃烘干后即可加镀碳膜。此过程要防止灰尘和空气流动，以免膜被弄脏或发皱。

（2）镀碳膜

① 磨碳棒：将直径 3mm 的两根碳棒（长约 3cm）一根一端磨平，一根一端磨尖。清除所有松动的部分，并擦拭干净。

② 安装碳棒：将一根固定在支持架上，另一根安装在有弹簧的另一支持架上。将两个支持架分别装在钟罩内的两极上，借助弹簧的推力保证两根碳棒的接触，而且对中（即成一直线）要尽量准确，旋紧各处螺丝。

③ 安置载网：将有网膜的滤纸放在一小培养皿中，将培养皿放置在距离碳棒接触点正下方 10cm 处。

④ 抽真空：开启 DM220 型高真空镀膜台，抽真空直至罩内真空度达 10^{-5} Pa。

⑤ 镀碳：先通小电流，使接触点慢慢呈橙红色。然后迅速提高电流，使接触点呈白灼状态，碳即开始蒸发，此时电流保持在 35A 左右，保持此状态 1~2min，碳膜即镀好。取出镀好碳膜的载网备用。经上述步骤制得的火棉胶加碳的复合膜，在电子显微镜下既有良好的透明度，又比较坚固，能较好地经受电子束的轰击而不漂移。

2. 样品准备

用于透射电镜研究的高分子样品尺寸很小，因此样品制备方法在透射电镜分析中起着非常重要的作用。

① 粉末样品：采用本实验第二部分中 3（2）（即"粉末样品的制备"）介绍的方法，制备悬浮液或乳液。

② 块状和膜状样品：采用本实验第二部分中 3（4）（即"超薄切片法、离子减薄法"）介绍的冷冻超薄切片方法，制备超薄切片。

③ 染色：根据需要对样品进行四氧化钌或四氧化锇染色，方法见本实验第二部分 3（6）（即"染色"）。

3. 试样的装载

对于粒径较大或粒径虽不大但其组成中含有较重元素的试样，可不经电子染色，直接蘸取采样即可，具体操作如下。用镊子轻轻夹住覆膜铜网的边缘，膜面朝下蘸取已分散完好的试样稀释液，小心将铜网放在一已做了记号的小滤纸片上，待网上液滴充分干燥后，即可上镜观察。

4. 试样的观察

① 开启透射电镜，至抽好真空。

② 插入样品杆，待"IGP1"小于 20 后，打开"Col Value"。

③ 调节 Z 轴高度，使样品位于"Eucentric Height"。方法一：在"SA Mag 86K"下按下"Eucentric Focus"后散开电子束，激活"Alpha WoBB"功能；调节 Z 轴高度使荧光屏上目标物近似不动；然后微调"Focus"旋钮通过目镜聚焦样品。方法二：在"SA Mag 86K"下按下"Eucentric Focus"后通过"Intensity"聚细电子束于样品表面；调节 Z 轴高度，使电子束晕斑消失；然后散开电子束，微调 Z 轴旋钮使图像正焦，即对比度最弱。

④ C2 光阑对中。a. 按下"Intensity"聚细电子束，按下"Beam Shift"移光到中心，顺时针散开束斑；若束斑与荧光屏不是同心相切，则调节 C2 光阑 X/Y 旋钮将光斑移到同心相切。b. 重复上面步骤并确认 C2 光阑已经对中。

⑤ Gun Tilt 枪对中。a. 在没有样品的位置，在"SA Mag 86K"下，分别调多功能钮"X"和"Y"，将电子束调到最亮（曝光时间最短）。b. 在没有样品的位置，先点"Beam Shift"，再将"Spot Size"调到 9；调多功能钮"X"和"Y"，将电子束调到荧光屏中心。然后点"Gun Shift"，将"Spot Size"调到 3；调多功能钮"X"和"Y"，将电子束调到荧光屏中心。反复几次，最后将"Spot Size"调回到 1。

⑥ CL 消像散。光若成椭圆形，则证明有 CL 消像散；通过调节"CL Stigma"将光成圆形散开，FEG 光斑为"胖胖"的粽子形。

⑦ Beam Tilt Pivot Point。a. 先调 X 方向的颤动，调节多功能钮"X"使 X 方向颤动最小。b. 先调 Y 方向的颤动，调节多功能钮"X"使 Y 方向颤动最小。c. 若电子束偏移中心，点"Beam Shift"将电子束移到中心。

⑧ Rotation Center。顺时针散开电子束，在荧光屏中心找个样品的标志物，调节多功能钮"X"和"Y"使目标物和荧光屏中心相对静止。

⑨ Coma Free Pivot Point X/Y。方法和"Beam Tile Pivot Point"一样，均为调节多功

能钮 "X" 使电子束颤动最小。

⑩ Coma Free Alignment（可通过目视和 CCD 的 FFT 两种方法来做，放大倍数 Mag 为 40 万倍以上）。调节多功能钮 "X" 使颤动的两幅图像达到相同的离焦；Y 方向的方法也相同。

⑪ Obj Stigma 消像散。移样品至非晶区域，激活 CCD 的 "Live FFT" 功能，选中 "Obj stigma" 功能，调节多功能钮 "X" 和 "Y" 使衍射环变圆即可。

⑫ 按下 "OBJ Focus" 细聚焦，使样品位于正焦位置。

⑬ 观察记录。先在低倍下观察样品的整体情况，然后将选择好的区域放大。变换放大倍数后，需重新聚焦。换样时，将样品更换杆送入镜筒，撤出样品，换另一样品观察。

五、数据记录与处理

将透射电镜所观察到的乙丙橡胶/聚酰胺（尼龙）共混物形态照片保存，标注放大倍数，标注其中哪些为乙丙橡胶相，哪些为聚酰胺（尼龙）相，并参照标尺计算分散相的平均尺寸。

六、注意事项

1. 制样过程中，所用器皿一定要保证干净。
2. 放置铜网要小心细致，膜面不得有破损和污染。
3. 工作状态下的透射电镜是 X 射线源，在使用过程中应注意防护，如加光阑；特别是聚光镜光阑，观察时应戴好铅眼镜，穿防护背心。

七、思考题

1. 常见的电子染色法有哪些，分别适用于哪种情况？
2. 简述透射电镜电子光学系统的组成及各组成部分的作用。

实验 12　原子力显微镜观察聚合物的微观结构

一、实验目的

1. 了解原子力显微镜（AFM）的基本构造和工作原理。
2. 了解原子力显微镜的基本操作规程。
3. 运用原子力显微镜观察聚合物的微观结构。

二、实验原理

原子力显微镜是一种可对物质的表面形貌、表面微结构等信息进行综合测量和分析的第三代显微镜。1988 年，Albrecht 等首次将 AFM 应用于聚合物表面研究。随着纳米技术研究热潮的兴起，AFM 已由对聚合物表面几何形貌的三维观测发展到深入研究聚合物的纳米级结构和表面性能等新领域。它与扫描隧道显微镜（STM）最大的差别在于并非利用电子隧道效应，而是利用原子之间的范德瓦尔斯力作用来呈现样品的表面特性，弥补了扫描隧道显微镜不能观测非导电样品的欠缺；同时，原子力显微镜超越了光和电子波长对显微镜分辨率的限制，可在三维立体上观察物质的形貌和尺寸，并能获得探针与样品相互作用的信息。

其具有操作容易、样品制作简单、分辨率高、工作环境要求低、成像载体种类多等优点，可在真空、气相、液相和电化学的环境下直接观察样品。

1. 原子力显微镜的工作原理及装置组成

原子力显微镜是依靠测量探针和样品表面的作用力来成像的。其工作原理为：在一个对原子间微弱力极其敏感的微悬臂（cantilever）的一端，使用一个固定在微悬臂末端的微小探针，从坐标轴的 X、Y、Z 方向扫描材料表面来生成形貌图。探针长几微米，针尖直径通常小于 10nm，一般由 Si、SiO_2、SiN_4、碳纳米管等组成，悬臂梁长度也只有 $100\sim200\mu m$。图 12-1 为原子力显微镜的工作原理及装置。悬臂的一端为固定端，当另一端的探针针尖靠近凹凸不平的样品表面，接近原子级间距时，二者之间将会产生微弱的相互作用力（$10^{-8}\sim10^{-6}N$，吸引或排斥），从而使微悬臂发生一定程度的弯曲。假设两个原子中，一个在悬臂的探针尖端，另一个在样品表面，它们之间的作用力会随距离的改变而变化。当针尖接近样品时，将受到力的作用使悬臂发生偏转或振幅改变。一束激光照射到悬臂的背面，悬臂将激光束反射到一个光电检测器上，通过检测器将悬臂的形变信号转换成可测量的光电信号，检测器不同象限接收到的激光强度差值同悬臂的形变量形成一定的比例关系。通过测量检测器电压对应样品扫描位置的变化，就可以获得样品表面的三维形貌图像。

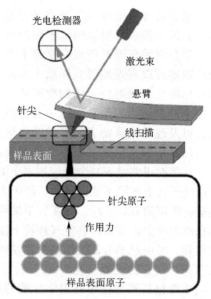

图 12-1　原子力显微镜的工作原理及装置

当悬臂与样品表面原子相互作用时，通常有几种力作用于悬臂，其中最主要的是范德瓦尔斯力。原子力显微镜针尖与原子的作用能和作用力如图 12-2 所示。当两个原子相互接近时，它们之间将相互吸引；随着原子间距继续减小，斥力开始抵消引力，直至引力和斥力达到平衡。当针尖原子和样品表面原子之间的间距进一步减小时，原子间斥力急剧增加，范德瓦尔斯力由负变正。利用这个力的性质，可以让针尖和样品处于不同的间距，从而实现原子力显微镜的不同模式。

① 接触模式（contact mode）：针尖和样品表面发生接触，原子间表现为斥力。

② 非接触模式（non-contact mode）：针尖和样品间相距数十纳米，原子间表现为引力。

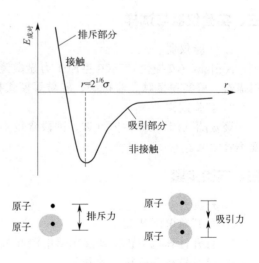

图 12-2　原子力显微镜针尖与
原子的作用能和作用力

③ 间隙接触模式（intermittent-contact mode）：针尖和样品间相距几到十几纳米，原子间表现为引力；但在悬臂振动时，二者发生间歇性接触，又称为轻敲模式或声学驱动模式。

三种模式各有优缺点，其中轻敲模式由于既不损坏样品表面又有较高的分辨率，因此在聚合物结构研究中应用最为广泛。

2. 原子力显微镜在聚合物研究中的应用

（1）聚合物表面形貌和微相分离的研究

原子力显微镜可用于聚合物单分子膜微结构的研究，例如观察膜的形成状态和微观结构，通过实验观察聚合物沉积膜的分子链结构图像等。

聚合物膜表面形貌观察是原子力显微镜的重要应用领域之一，且受到越来越多的重视。通过观察可以直观地得到样品表面的三维结构信息。由于高分子链比较柔软，针尖与原子的相互作用会导致高分子链的变形或滑移，所以利用原子力显微镜尚难得到非晶态高分子链原子级分辨率的结构信息。原子力显微镜还常用于研究共混物膜、嵌段共聚物等的微相分离情况，以及改性聚合物表面形貌等领域。

（2）聚合物结晶形态及结晶过程研究

虽然对于非晶态高分子应用原子力显微镜很难达到原子级的分辨率，但可以观测到某些晶态高分子链上的原子或原子团。原子力显微镜提供了观察高分子结晶形态，包括片晶表面分子链折叠作用的有效手段。如在较早的研究中，研究者们就将含聚氧化乙烯（PEO）晶体的溶液滴在载玻片上，在室温、空气环境下使溶剂挥发，然后用光学显微镜确定 PEO 结晶在载体上的位置，再由原子力显微镜观察其晶体结构。观察发现 PEO 片晶表面几何形状接近正方形。

（3）聚合物性能研究

主要包括聚合物单链力学性能的研究。单分子力谱是基于原子力显微镜而出现的新型实验技术，为在分子水平上研究聚合物单链的力学性能提供了可能。此外，还可研究单链导电性能。高分子的导电性能研究是原子力显微镜应用的新进展。它首先要求 AFM 的基底和针尖都必须为导体，因而需要对原子力显微镜的针尖镀金并采用金质基底。

本实验主要利用聚氨酯中软段与硬段之间存在明显的热力学不相容所导致的微相分离结构的存在。微相分离结构使材料具有相对较高的模量、高弹性、高伸长率等良好的使用性能，从而利用原子力显微镜对其进行研究。

三、实验仪器与试样

1. 实验仪器

Agilent（安捷伦）5500 型原子力显微镜，配有 $90\mu m \times 90\mu m$ 大扫描器、$9\mu m \times 9\mu m$ 小扫描器，可实现接触、非接触、轻敲等模式扫描。

2. 实验试样

聚氨酯（PU）弹性体（软、硬段含量不同的几种样品），要求样品不受污染且表面粗糙度不宜太大。

四、实验步骤

1. 开机

① 打开总电源开关。

② 打开计算机主机以及显示器电源开关。

③ 打开控制器机箱电源开关。

④ 打开 HEB 激光开关、"MAC Mode" 或 "AC Mode" 控制器机箱电源开关。

2. 仪器准备

① 打开 PicoView 软件，根据样品需要在软件 "Scanner" 选项中选择扫描头型号 $10\mu m$ 或 $100\mu m$，然后将扫描头安装于扫描头基座上。

② 根据成像模式选择合适的 nose（锥头）并安装在扫描头上，以 O 形圈没入扫描头为准。

③ 将弹簧钥匙（spring key）放入弹簧一侧把弹簧翘起，将针尖安装到锥头上，弹簧一般压在针尖基片的 $1/3 \sim 1/2$ 处。

④ 安装扫描头，连接插线，并拧紧右下方紧固螺栓，此时扫描头下方出现红色激光。

⑤ 利用扫描头上的两个螺栓上下左右调整激光的位置，使激光对在针尖背面。首先要确认 HEB 上的 "laser" 开关切换到 "on" 的状态，软件上的 "laser on" 打钩，打开光源开关，使 CCD 光路与 "Scanner" 的光路处于同一光路上，调节焦平面使其可同时观察到样品、激光和探针悬壁。然后调节 "Scanner" 上的旋钮，将激光调到悬臂尖端三角形的中心位置或者探针所在位置，此时扫描器磨砂玻璃上出现一个亮且呈现类十字的激光点。

⑥ 安装探测器，调整螺丝，使 "Deflection"（形变量）和 LFM 参数满足该模式的要求。

3. 样品测试

（1）在 PicoView 软件界面确认以下项目是否选择合适

① 单击 "Scanner"→选择合适的扫描器 "Scanner" 文件，注意此文件编号要和 "Scanner" 硬件侧面的序列号保持一致。

② 从控制软件界面中选择合适的操作模式 "Mode"→"AC AFM"。

③ 单击 "Controls"→"Setup"→"Controller"，确认 "Controller" 文件的选择和控制器上序列号保持一致。

④ 单击 "Controls" → "Setup" → "Microscope"，确认 "Microscope" 文件选择 5500 AFM. xml。

⑤ 单击 "Controls"→"Setup"→"Components"，打开 "System Components" 面板。确认 "Serial Port AC Mode Controller" 已打钩；确认 "SPM Controller" 选中。

（2）按以下步骤依次打开软件控制及显示面板，并且完成扫描成像前参数初始化

① 单击 "Controls"→"Imaging"，打开 "Servo" 和 "Scan and Motor" 面板。设置 "Servo" 面板参数、"Scan and Motor" 面板参数及 "Motor" 等参数。

② 设置表面形貌图像显示面板参数。

4. 表面成像

① 单击 "Controls" 窗口下面的 "AC Mode Tune"，出现 "Amplitude-Frequency" 窗口；根据所选探针共振频率值设定 "Start" 和 "End" 的值，"Amplitude" 在 $3 \sim 6$ 之间，选择峰位偏左一点（$100 \sim 300\,Hz$）。选择 "Auto"，可以自动获得合适的振幅和峰位；选择 "Manual"，单击 "Start" 开始寻峰。逐步缩小 "Frequency" 范围，利用改变 "Drive%" 数值，控制 "Amplitute" 在 $3 \sim 6$ 之间，选择峰位偏左一点。

② 软件参数设定：设置 "I" "P" "Setpoint" "Scan Speed" "Scan Size" "Stop At Points"，设置 "Topograph" "Amplitude" "Phase" 等。

③ 单击 "Approach"，针尖开始逼近（如果 "Deflection" 在针尖逼近过程中数值发生突变，说明针尖已经真正逼近样品）。

④ 单击 "Scan"，开始扫描成像；同时，在扫描过程中根据图像实时调整 "Setpoint" "I" "P" "Speed" 等。

5. 图片输出（TIFF、JPG、BMP 等格式）

打开 "PicoImage" 图像分析软件 Picoview \ Controls \ PicoImage；打开测试数据，选择 "File \ Export the Reserve Image"，导出图片。

6. 关机

① 单击 "Stop"，停止扫描。

② 单击 "Withdraw" 数步（一般 $2 \sim 3$ 步），实现退针。手动 "Open"（电子盒上小扳

手），手动退针。打开减振箱舱门，取下样品并收好。

③ 关闭 Picoview1.10 软件、AFM 控制器机箱电源、AC（MAC、AACⅢ 或 MACⅢ）控制器机箱电源。

④ 关闭计算机主机，总电源。

⑤ 取下探测器（注意：一定记住先取下检测器后，再取下扫描器）。

⑥ 取下扫描器，取下针尖放回盒中。将扫描器、针尖放回干燥皿。

⑦ 关闭减振箱舱门，整理实验室并把实验仪器及物品放回原处。

五、数据记录与处理

保存各样品的高度图和相图，观察并分析各 PU 样品中软、硬段分布情况，并对比说明不同 PU 样品间软、硬段含量的差异。

六、注意事项

1. 待测样品不宜起伏过大，以免损伤探针。

2. 安装探针过程中，扫描器应轻拿轻放；安装探针时也应特别小心操作，以免损伤探针。

3. 安装样品时，为了不破坏其表面形貌，应注意镊子不要触碰样品中心且尽可能轻地夹住样品。

4. 关机过程中，一定要先取下检测器后，再取下扫描器。

七、思考题

1. 原子力显微镜有哪些应用？

2. 原子力显微镜测试过程中主要利用了哪些作用力？

第三章

聚合物的性能测试

实验 13　塑料吸水性能测定

一、实验目的

1. 了解塑料的吸水特性。
2. 掌握塑料吸收量的测试方法及原理。

二、实验原理

塑料在水的作用下会发生以下几种现象：由于吸水引起尺寸改变（如膨胀）；水溶性物质溶出；材料其他性能的变化。塑料的吸水性是指其吸水的性能，通常是指将塑料试样经过干燥后，在规定的试样尺寸、规定的温度和规定的浸水时间下的吸水量（mg），也可以单位面积吸水量（mg/cm²）表示，或以试样吸水质量分数（％）表示。吸水性是塑料重要的物理性能之一，浸水后试样质量增加愈少，则塑料的吸水性也愈小。

塑料吸水性大小决定于自身的化学组成。分子主链仅由碳、氢元素组成的塑料，吸水性很小，如聚乙烯、聚丙烯、聚苯乙烯等。分子主链上含有氧原子、羟基等亲水基团的塑料，吸水性较大。

吸水性对塑料制品的化学稳定性、力学性能、电性能和热性能等都有很大影响。水分的存在往往会引起一系列不良后果，如塑料在成型时会因水解而使其分子量降低，物性下降；或引起塑料制品出现气泡（严重时甚至会发泡）、表面银纹、条痕等，使成品率下降；会导致塑料制品尺寸不稳定，限制其某些用途，尤其是不能用作精密制品。此外，还会引起制品电绝缘性能降低、模量减小等力学性能的变化，影响其应用。

塑料吸水性的测定方法很多，目前广泛使用的测定含水量的方法如下：干燥恒重法、汽化测压法、卡尔·费歇尔试剂滴定法等。本实验采用国家标准 GB/T 1034—2008 规定的干燥恒重法进行测定。

将试样浸入 23℃蒸馏水中或沸水中，或置于相对湿度为 50％的空气中，在规定温度下放置一定时间。测定试样开始实验时与吸水后的质量差异，以质量差异对于初始质量的百分率表示。如有必要，可测定干燥除水后试样的失水量。

应注意只有在试样尺寸相同且物理状态（表面内应力等）极为相近时，根据本实验方法对不同塑料进行比较才是有效的。

三、实验仪器与试样

1. 实验仪器

电子天平（精度为±0.1mg）、烘箱［具有强制对流或真空系统，能控制在（50.0±2.0）℃以及105~110℃的烘箱］、恒温水浴锅（有能控制水温在规定温度的加热装置）、干燥器（装有干燥剂）、测定试样尺寸的量具（精度为±0.1mm）。

2. 实验试样

试样可以是不同形状的材料，试样类型和试样尺寸见表13-1。

表 13-1　试样类型和试样尺寸

试样类型	试样尺寸
模塑料	长、宽60mm±2mm，厚度1.0mm±0.1mm或2.0mm±0.1mm的方形试样
管材	直径≤76mm时，沿径向切取25mm±1mm长的一段； 直径>76mm时，沿径向切取长76mm±1mm，宽25mm±1mm试样
棒材	直径≤26mm时，切取25mm±1mm长的一段； 直径>26mm时，切取13mm±1mm长一段
片或板材	边长为61mm±1mm的正方形，厚度为1.0mm±0.1mm
成品、挤出物、薄片或层压片	长、宽60mm±2mm，厚度1.0mm±0.1mm或者2.0mm±0.1mm的方形试样； 或被测材料的长、宽为61mm±1mm，一组试样有相同的形状（厚度和曲面）
各向异性的增强塑料	边长≤（100mm×厚度）

管材试样应具有如下尺寸。

① 内径小于或等于76mm的管材，沿垂直于管材中心轴的平面从长管中切取长25mm±1mm的一段作为试样，可以用机械加工、锯或剪切作用切取没有裂缝的光滑边缘。

② 内径大于76mm的管材，沿垂直于管材中心轴的平面从长管中切取长76mm±1mm（沿管的外表面测量）、宽25mm±1mm的一段作为试样，切取的边缘应光滑没有裂缝。

棒材试样应具有如下尺寸。

① 对于直径小于或等于26mm的棒材，沿垂直于棒材长轴方向切取长25mm±1mm的一段作为试样。棒材的直径为试样的直径。

② 对于直径大于26mm的棒材，沿垂直于棒材长轴方向切取长13mm±1mm的一段作为试样。棒材的直径为试样的直径。

每一种材料用3个试样进行实验。试样可用模塑或机械加工方法制备。对一些材料，模塑试样和从片材切割制得的试样可能得到不同的结果。试样表面应平整、光滑、清洁，且无因加工引起的烧焦痕迹。如果是切割制得的应在实验报告中记载。试样表面若被油或其他会影响吸水性的材料污染，须用对塑料及其吸水性无影响的清洁剂擦拭，且不要用手直接接触擦拭过的试样。试样清洁后，应在23.0℃±2.0℃、相对湿度50%±10%的环境下干燥至少2h再开始实验。处理样品时应戴干净的手套以防止污染试样。

四、实验步骤

1. 23℃水中吸水量的测定

① 将试样放入烘箱中，在（50±2.0）℃温度下干燥24h，然后移至干燥器内冷却至室温，称量每个试样，精确至0.1mg（质量m_1）。重复本步骤至试样的质量变化在

±0.1mg 内。

② 将每组 3 个试样放入单独的盛有蒸馏水的容器内，完全浸入中，水温控制在（23±1.0）℃。浸泡 24h 后，取出试样，用清洁干布或滤纸迅速擦去试样表面的水，再次称量每个试样，精确至 0.1mg（质量 m_2）。试样从水中取出到称量完毕必须在 1min 内完成。

若要测量饱和吸水量，需要再浸泡一定时间后重新称量。标准浸泡时间为 24h、48h、96h、192h 等。经过上述每个间隔时间±1h 后，从水中取出试样，擦去试样表面的水，并在 1min 内重新称量，精确至 0.1mg。

2. 沸水中吸水量的测定

① 将试样放入烘箱中，在（50±2.0）℃温度下干燥 24h，然后移至干燥器内冷却至室温，称量每个试样，精确至 0.1mg（质量 m_1）。重复本步骤至试样的质量变化在±0.1mg 内。

② 将每组 3 个试样放入单独的盛有沸腾蒸馏水的容器内，完全浸入。浸泡（30±2）min 后，从沸水中取出试样，放入室温蒸馏水中冷却（15±1）min。取出后，用清洁干布或滤纸擦去试样表面的水，再次称量每个试样，精确至 0.1mg（质量 m_2）。试样从水中取出到称量完毕必须在 1min 内完成。

如果试样厚度小于 1.5mm，在称量过程中会损失测出的少量吸水，需要在称量瓶中重新称量试样。

若要测量饱和吸水量，则需要每隔（30±2）min 后重新浸泡和称量。在每个间隔后，试样都要如上述从水中取出，在室温蒸馏水中冷却，擦干和称量，精确至 0.1mg。

若在重复浸泡和干燥后可能形成裂缝，则需要在实验报告中注明首次发现裂缝的实验周期数。

3. 相对湿度 50% 环境中吸水量率的测定

① 将试样放入烘箱中，在（50±2.0）℃温度下干燥 24h，然后移至干燥器内冷却至室温，称量每个试样，精确至 0.1mg（质量 m_1）。重复本步骤至试样的质量变化在±0.1mg 内。

② 将每组 3 个试样放入相对湿度为（50±5）% 的容器或房间内，温度控制在（23±1.0）℃。放置 24h 后，称量每个试样，精确至 0.1mg（质量 m_2）。试样从相对湿度为（50±5）% 的容器或房间中取出到称量完毕必须在 1 min 内完成。

若要测量饱和吸水量，要将试样置于相对湿度为（50±5）% 的环境中，按照 23℃ 水中吸水量测定的称量步骤和时间间隔进行。

五、数据记录与处理

1. 试样吸水质量分数 W_m

$$W_m = [(m_2 - m_1)/m_1] \times 100\% \tag{13-1}$$

式中，m_1 为吸水前试样的质量，mg；m_2 为吸水后试样的质量，mg。

2. 试样单位表面积的吸水量 W_s（mg/cm²）

$$W_s = (m_2 - m_1)/A \tag{13-2}$$

式中，m_1 为吸水前试样的质量，mg；m_2 为吸水后试样的质量，mg；A 为试样原始总表面积，cm²。

3. 试样吸水量 W_a（mg）

$$W_a = m_2 - m_1 \tag{13-3}$$

式中，m_1 为吸水前试样的质量，mg；m_2 为吸水后试样的质量，mg。

实验结果以在相同暴露条件下得到的三个结果的算术平均值表示。

六、注意事项

1. 不同的吸水值可用于比较不同塑料在水浸条件下的行为，但并不表示可能吸收的最大水量，且只有试样尺寸相同和物理状态极为相近时才能进行不同塑料吸水性的比较。

2. 实验报告中应包含试样的制备方法。

3. 组成相同的几个或几组试样在测试时，可以放入同一容器内并保证每个试样用水量不低于 300mL。但试样之间或试样与容器之间不能有面接触。可以使用不锈钢栅格，以确保每个试样之间的距离。

4. 对于密度低于水的样品，样品应放在带有锚固的不锈钢栅格内浸入水中。注意样品表面不要接触锚固部位。

七、思考题

1. 高分子材料中的水是如何产生的？

2. 如何尽量减少高分子材料中的水分？

3. 吸水性会如何影响高分子材料的性能？

实验 14　聚合物溶剂的选择及溶解性能测定

一、实验目的

1. 了解和掌握聚合物溶解过程的特点。

2. 掌握聚合物溶剂选择的原则。

3. 掌握聚合物溶解性能的测定方法。

二、实验原理

聚合物以分子状态分散于溶剂中所形成的均相体系称为高分子溶液。大多数线型或支化高分子材料置于适当的溶剂中并给予适当条件（温度、时间、搅拌等），就可溶解而成为高分子溶液。如天然橡胶溶于汽油或苯；聚酰胺（尼龙）溶于苯酚、甲酸；聚乙烯在 135℃ 以上时溶于十氢化萘；聚乙烯醇溶于水等。

高分子溶液的研究在高分子科学和高分子工程领域具有特殊的重要地位。人们对高分子本质的认识，对高分子结构、形状、尺寸的了解以及对分子量、分子量分布的测定都是在稀溶液状态下完成的。高分子科学的许多新模型、新理论、新观点、新实验方法也是在高分子溶液研究中形成和发展起来的。在工程实践中，高分子稀溶液被用作土壤改良剂、管道输运减阻剂、钻井泥浆处理剂等。在高分子材料成型中，有时候需要利用聚合物的溶液作为原料，即将聚合物采用合适的溶剂进行溶解成为溶液，然后成型。例如，聚丙烯腈的溶液纺丝、纤维素的流延铸膜等。高分子浓溶液可以配制成涂料、胶浆、黏结剂（浓度约为 60%）等。广而言之，含大量增塑剂的增塑聚合物（如增塑聚氯乙烯），两相相容聚合物共混体系，溶胀交联橡胶、冻胶、凝胶等也都可归为高分子溶液的范畴。

1. 聚合物溶解过程的特点

由于聚合物结构的复杂性——分子量大并且具有多分散性、分子链长以及分子的形状有线形、支化和交联等多种形态，凝聚态又可表现为晶态、非晶态等结构。因此与小分子化合物相比，聚合物的溶解过程要复杂得多，其溶解的机理、溶解过程、溶液的性质差别也非常大。与小分子化合物相比，聚合物的溶解过程有如下特点。

（1）溶解困难，需精确地选择溶剂和溶解条件

聚合物的溶解比小分子化合物困难得多，溶解过程一般都比较缓慢：一方面，是由于其分子量巨大，长链分子尺寸与溶剂小分子相差悬殊，扩散能力不同，分子运动速度也差别很大；另一方面，是由于分子链处于相互缠结状态，分子间作用力强，分离困难。为此挑选合适的溶剂成为聚合物溶解首先遇到的一个难题，选择适当良溶剂的约束条件很多，而且分子量越大就越难选到良溶剂。即使溶剂合适，为了溶解均匀，缩短溶解时间，还经常需要搅拌和适当加热升温。

（2）溶解过程缓慢，先溶胀再溶解

聚合物溶解过程相当缓慢，常常需要几小时、几天，甚至几周。其溶解过程分为两个阶段，即先溶胀后溶解。因为聚合物和溶剂分子的大小相差悬殊，溶剂分子的扩散速率远比聚合物大，所以聚合物与溶剂分子接触时，先是溶剂小分子渗透、扩散进入聚合物的外层，并逐渐由外层进入内层，削弱大分子链间的相互作用力，使其体积膨胀。此过程称为溶胀。此时只有链段运动而没有整个大分子链的扩散运动。显然，只有溶胀进行到高分子链上所有的链段都能扩散运动时，才能形成分子分散的均相体系，因此溶胀是溶解的必经阶段，也是聚合物溶解性的独特之处。随后聚合物链段和分子整链的运动加速，分子链松动、解缠结，聚合物大分子链克服分子间作用力，逐渐分散到溶剂中，直到形成均匀的溶液，达到完全溶解。高分子溶液的黏度高，浓度为 $1\%\sim2\%$ 的高分子溶液黏度已是小分子溶剂黏度的十几倍，浓度为 5% 的天然橡胶-苯溶液已不能流动，成为冻胶。

（3）不同类型聚合物的溶解过程差异大

结晶和非晶态聚合物，极性和非极性聚合物的溶解过程不同。

一般非晶态聚合物比结晶聚合物易于溶解，极性聚合物比非极性聚合物易于溶解。由于非晶态聚合物分子链堆砌比较疏松，分子间相互作用弱，因此溶剂分子较容易渗入聚合物内部先使其溶胀，而后溶解。

结晶聚合物中晶区部分分子链排列规整，堆砌紧密，分子间作用力强，溶剂分子难以渗入聚合物内部，因此它们的溶解比非晶态聚合物的溶解困难得多。结晶聚合物有两类。一类是由缩聚反应生成的极性结晶聚合物，如聚酰胺、聚对苯二甲酸乙二酯等，分子间有强的相互作用力；另一类是由加聚反应生成的非极性结晶聚合物，如高密度聚乙烯、全同立构和间同立构的聚丙烯等，它们是纯的烃类化合物，分子间虽然没有极性基团的相互作用力，但由于分子链结构很规整也能形成结晶。结晶聚合物中结晶部分的溶解要经过两个过程。通常需要先加热升温至熔点附近，使晶区部分熔融，变为非晶态后再溶解，即结晶聚合物先熔融后溶解。然而对于极性的结晶聚合物，有时室温下就可溶于强极性溶剂，例如聚酰胺室温下能溶于甲酚、浓硫酸、苯酚-冰乙酸混合液；聚甲醛能溶于六氟丙酮水合物。这是由于极性溶剂先与聚合物中的非晶态区域发生溶剂化作用（如形成氢键），放出热量，而后使晶区熔融，然后完成溶解。对于非极性结晶聚合物，室温时几乎不溶解。

（4）交联聚合物只溶胀，不溶解

交联聚合物分子链之间通过化学键连接，形成三维网状结构，整个材料可视为一个高分子，因此不能溶解。但是由于网链尺寸大，溶剂小分子也能渗透、扩散到网链之间，使网链间距增大，聚合物体积膨胀，发生溶胀。当溶剂的渗入、膨胀作用与交联网络的弹性回缩作用相等时，达到溶胀平衡。

根据聚合物的结构和溶胀的程度可分为无限溶胀和有限溶胀。线型非晶态聚合物溶于它

的良溶剂时，能无限制地吸收溶剂直至溶解而成均相溶液，属于无限溶胀。例如天然橡胶在汽油中，聚氯乙烯在四氢呋喃中都能无限溶胀而成为高分子溶液。对于交联的聚合物，溶胀到一定程度以后，因交联的化学键束缚，只能停留在两相的溶胀平衡阶段不会发生溶解，这种现象称为有限溶胀。例如，硫化后的橡胶、固化的酚醛树脂等交联网络聚合物在溶剂中都只能溶胀而不溶解。对于一般的线型聚合物，如果溶剂选择不当，因溶剂化作用小，不足以使大分子链完全分离，也只能有限溶胀而不溶解。

溶解度与聚合物的分子量有关，分子量大的溶解度小。结晶聚合物的溶解度不但与分子量有关，还与结晶度有关，结晶度高的溶解度小。对交联聚合物来说，溶胀度与交联度有关，交联度小的溶胀度大。

2. 聚合物溶剂选择的主要原则

溶剂选择是一项复杂的工作，不同溶剂对不同聚合物的溶解能力差别很大。对于任意一种聚合物，溶解能力强的溶剂称为良溶剂，溶解能力差的溶剂称为不良溶剂，不能溶解的溶剂称为非溶剂。

（1）极性相似原则

极性指分子的偶极矩，其大小取决于分子中化学键矩的矢量和。大分子由于长链结构、构象复杂，极性主要由取代基的极性、位置、对称性决定。一般认为偶极矩在 $0 \sim 1.67 \times 10^{-30}$ C·m 范围为非极性分子，偶极矩大于 1.67×10^{-30} C·m [3.338×10^{-30} C·m＝1D（德拜）] 为极性分子。极性相似原则是指溶质、溶剂的极性越相近，越易互溶。这条对小分子溶液适用的原则，在一定程度上也适用于高分子溶液。例如非极性的天然橡胶、丁苯橡胶等能溶于非极性烃类化合物溶剂（如苯、石油醚、甲苯、己烷等）；分子链含有极性基团的聚乙烯醇不能溶于苯但能溶于水。但是这一规律比较笼统、粗糙、精确性差。极性相似原则更多地用于选择溶解极性聚合物的溶剂。

（2）溶度参数相近原则

选择溶解非极性或弱极性聚合物的溶剂更多地考虑溶度参数相近原则，这是一条热力学原则。溶解过程是溶质和溶剂分子的混合过程。在恒温恒压条件下，该过程能自发进行的必要条件是混合自由能 $\Delta G_M < 0$，即

$$\Delta G_M = \Delta H_M - T\Delta S_M < 0 \tag{14-1}$$

式中，T 为溶解温度；ΔS_M 和 ΔH_M 分别为混合熵和混合热。

溶解过程中分子排列趋于混乱，熵是增加的，即 $\Delta S_M > 0$，$-T\Delta S_M < 0$。于是 ΔG_M 的正负主要取决于 ΔH_M 的正负及大小。有两种情况，若溶解时 $\Delta H_M < 0$ 或 $\Delta H_M = 0$，即溶解时系统放热或与外界无热交换，必有 $\Delta G_M < 0$，说明溶解能自动进行。若 $\Delta H_M > 0$，即溶解时系统吸热，此时只有当 $T|\Delta S_M| > |\Delta H_M|$ 溶解才能自动进行。显然 $\Delta H_M \to 0$ 和升高温度对溶解有利。非极性聚合物在非极性溶剂中溶解多属于后一种情形，可以借助小分子的 Hildebrand 公式来计算：

$$\Delta H_M = \varphi_1 \varphi_2 \left[\left(\frac{\Delta E_1}{V_{M1}} \right)^{1/2} - \left(\frac{\Delta E_2}{V_{M2}} \right)^{1/2} \right]^2 V_t = \varphi_1 \varphi_2 (\delta_1 - \delta_2)^2 V_t \tag{14-2}$$

式中，V_t 为溶液总体积；φ 为体积分数；下标 1、2 分别表示溶剂和溶质；V_M 为摩尔体积；ΔE 为摩尔内能；$\Delta E/V_M$ 为内聚能密度；δ 为溶度参数，溶度参数定义为内聚能密度的算术平方根，$(J/cm^3)^{1/2}$。

由式(14-2)可知，δ_1 和 δ_2 的差越小，ΔH_M 越小，越有利于溶解，此即溶度参数相近原则。

实验表明，对非晶态聚合物来说，若分子间没有强极性基团或氢键基团，聚合物与溶剂满足 $|\delta_1 - \delta_2| < 1.5 (J/cm^3)^{1/2}$，聚合物就能溶解。本书附录 2 和附录 3 分别列出了一些聚合物和溶剂的溶度参数。

有时候单一溶剂不能溶解的聚合物，采用混合溶剂则可溶解。混合溶剂的溶度参数可按式(14-3) 计算。

$$\delta = \varphi_1 \delta_1 + \varphi_2 \delta_2 \qquad (14\text{-}3)$$

式中，φ_1、φ_2 分别为两种溶度参数为 δ_1 和 δ_2 的纯溶剂的体积分数。

例如，聚苯乙烯的溶度参数为 $18.6 (J/cm^3)^{1/2}$，单独采用丙酮 $[\delta = 20.5 (J/cm^3)^{1/2}]$ 或环己烷 $[\delta = 16.5 (J/cm^3)^{1/2}]$ 都不能溶解聚苯乙烯；而用二者按一定比例配制的混合溶剂则可溶解聚苯乙烯。

（3）溶剂化原则

溶剂化原则，即极性定向和氢键形成原则。若聚合物与溶剂分子之间存在强偶极作用或有生成氢键的情况，则聚合物易于溶解。

例如聚丙烯腈的溶度参数为 $20.6 \sim 31.5 (J/cm^3)^{1/2}$，$N,N'$-二甲基甲酰胺的溶度参数为 $24.7 (J/cm^3)^{1/2}$。按照溶度参数相近原则二者不应该相溶，但实际上二甲基甲酰胺在室温下即可溶解聚丙烯腈，这是因为二者分子间生成了强氢键。该例子也表明，对强极性聚合物的溶解，不宜用溶度参数原则作为判据。

溶剂化作用与广义酸碱作用有关。广义的酸是指电子接受体（即亲电子体），广义的碱是电子给予体（即亲核体），二者相互作用产生溶剂化，使聚合物溶解。聚合物和溶剂的酸碱性取决于分子中所含的基团。形成氢键也归为一种强的溶剂化作用，生成氢键时混合热 ΔH_M 小于零，体系放热，有利于溶解。几种典型的亲电子基团和亲核基团如下。

按亲和力大小排序的亲电子基团：

$$-SO_2OH > -COOH > -C_6H_4OH > =CHCN > =CHNO_2 > =COHNO_2 > -CH_2Cl > =CHCl$$

按亲和力大小排序的亲核基团：

$$-CH_2NH_2 > -C_6H_4NH_2 > -CON(CH_3)_2 > -CONH > -COCH_2 - >$$
$$-CH_2OCOCH_2 - > -CH_2OCH_2 -$$

聚氯乙烯的溶度参数为 $19.4 (J/cm^3)^{1/2}$，与氯仿 $[\delta = 19.0 (J/cm^3)^{1/2}]$ 及环己酮 $[\delta = 20.3 (J/cm^3)^{1/2}]$ 均相近。但聚氯乙烯可溶于环己酮而不溶于氯仿，是因为聚氯乙烯为亲电子体，环己酮为亲核体，二者之间能够产生类似氢键的作用。而氯仿与聚氯乙烯均为亲电子体，不能形成氢键，所以二者不互溶。

溶剂的选择是相当复杂和需谨慎考虑的工作。除以上原则外，尚需考虑溶剂的挥发性、毒性、易燃性、溶剂对制品性能的影响和所配制溶液的用途及使用场合等。

三、实验仪器、试样与试剂

1. 实验仪器

试剂瓶、移液管、恒温加热水浴锅、电子天平。

2. 实验试样与试剂

聚丙烯、聚氯乙烯、聚苯乙烯、丁苯橡胶、硫化天然橡胶、聚酰胺（尼龙）、聚乙烯醇、聚苯胺等；水、乙醇、四氢呋喃、丁酮、环己烷、甲苯、丙酮、苯酚、冰乙酸、环氧氯丙烷、N-甲基吡咯烷酮、N,N-二甲基甲酰胺（DMF）、二甲基亚砜、甲酸等。

四、实验步骤

1. 定性溶解性能观察

① 选择洁净、干燥的试剂瓶，加入约 10mg 聚合物试样。

② 选择不同的溶剂或混合溶剂约 1mL，加入盛有聚合物试样的试剂瓶中。

③ 分别在静止和振荡的情况下，观察不同时间聚合物的溶解过程。

2. 常温定量溶解性能实验

① 用电子天平准确称量约 10mg 聚合物试样加入洁净、干燥的试剂瓶中。

② 选择不同的溶剂或混合溶剂约 1mL，加入盛有聚合物试样的试剂瓶中。

③ 分别在常温条件下，观察不同时间聚合物的溶解过程，记录实验现象。

④ 观察实验结束后，过滤不全溶样品，烘干不溶物，并称量、计算溶解率。

3. 加热定量溶解性能实验

① 用电子天平准确称量约 10mg 聚合物试样加入洁净、干燥的试剂瓶中。

② 选择不同的溶剂或混合溶剂约 1mL，加入盛有聚合物试样的试剂瓶中。

③ 在摇匀放置 2h 后，于 80～90℃ 条件下加热 2h，观察不同时间聚合物的溶解过程，记录实验现象。

④ 观察实验结束后，过滤不全溶样品，烘干不溶物，并称量、计算溶解率。

五、数据记录与处理

1. 数据记录

实验数据记录于表 14-1。

表 14-1　实验数据记录表

实验温度：

试样	溶剂	实验记录	
		时间/min	现象
		0	静止： 振荡：
		10	静止： 振荡：
		20	静止： 振荡：
		30	静止： 振荡：
		40	静止： 振荡：
		60	静止： 振荡：
		80	静止： 振荡：
		100	静止： 振荡：
		120	静止： 振荡：

2. 数据处理

① 对每种聚合物试样所选择的溶解性能进行叙述，分析不同聚合物溶剂选择的原则。

② 计算出定量溶解性能实验中聚合物试样的溶解率 S_m。溶解率又称溶解质量分数，表示如下：

$$S_m = \frac{m_1 - m_2}{m_1} \times 100\% \tag{14-4}$$

式中，m_1 为溶解前试样的质量，mg；m_2 为溶解后试样的质量，mg。

六、注意事项

1. 同一溶剂中不同聚合物的溶解度大小可用于比较相同实验温度条件下的溶解行为差异，但并不表示最大的溶解度。

2. 了解有机溶剂特性，不盲目操作，不违规使用。

3. 部分溶剂具有挥发性和毒性，实验过程中应注意防护，必须穿戴防护工具（如实验服、防护口罩、防护手套、防护眼镜等）。

4. 严禁将有机废液倒入下水口、垃圾桶，必须按照要求将废液回收。

七、思考题

1. 为什么聚合物的溶解过程较小分子化合物慢？

2. 根据实验现象，解释聚合物的溶解过程，总结聚合物溶解过程的特点。

3. 聚合物溶剂的选择原则有哪些？对于极性高分子，选择溶剂时应采用哪一原则更为准确？

实验 15　聚合物玻璃化转变温度的膨胀计法测定

一、实验目的

1. 了解使用膨胀计测定聚合物玻璃化转变温度的原理。

2. 掌握使用膨胀计测定玻璃化转变温度的方法。

3. 明确升温速率对玻璃化转变温度测定值的影响。

4. 测定样品聚苯乙烯的玻璃化转变温度。

二、实验原理

玻璃化转变是非晶态聚合物的一种普遍现象，从分子运动的角度看，玻璃化转变温度（T_g）是大分子链段开始运动的温度。在聚合物发生玻璃化转变时，许多物理性能发生急剧变化，使材料从坚硬的固体变成柔软的弹性体，完全改变了材料的使用性能。作为塑料使用的聚合物，当温度升高到发生玻璃化转变温度时，便失去塑料的性能，变成了橡胶；而作为橡胶使用的材料，当温度降低到发生玻璃化转变温度时，则失去橡胶的高弹性，变成硬而脆的塑料。因此，玻璃化转变是聚合物的一个非常重要的性质。测试聚合物的玻璃化转变温度，对于指导聚合物的加工和使用过程，有着重要的意义。

玻璃化转变是非晶态聚合物（包括部分结晶聚合物中的非晶相）发生玻璃态向高弹态的转变，其分子运动本质是链段运动发生"冻结"与"自由"之间的转变。在玻璃化转变区，聚合物的一切物理性质都发生急剧甚至不连续的变化。如果固定其他条件而改变温度，则聚合物在玻璃化转变区的比容 v、热膨胀系数 α、比热容 c、折射率 n、介电常数 ε 和弹性模量

E 等均发生明显变化。聚合物在玻璃化转变区物理性能的变化情况如图 15-1 所示。

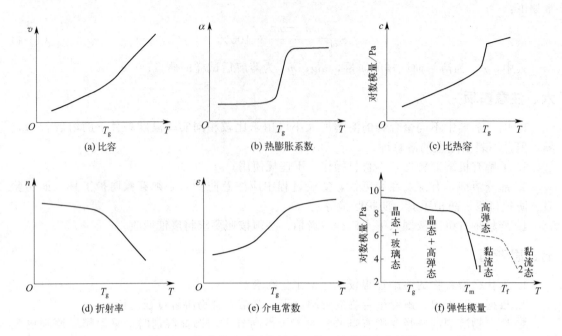

图 15-1 聚合物在玻璃化转变区物理性能的变化情况

同样地，如果固定温度而改变其他条件，例如压力、频率、分子量、增塑剂浓度、共聚物组成等，也可以观察到玻璃化转变现象。如当固定温度为 375K 时，聚甲基丙烯酸甲酯（PMMA）的比容随分子量而变化，其转折点的分子量 M_y 称为玻璃化转变分子量。PMMA 在 375K 的比容-分子量关系曲线如图 15-2 所示。

由于通过改变温度来观察玻璃化转变更为方便，又具有实用意义，所以玻璃化转变温度成为表示玻璃化转变的重要指标。

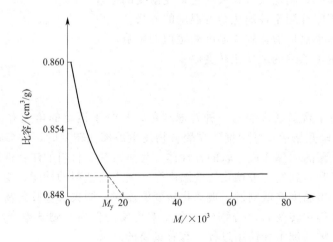

图 15-2 PMMA 在 375K 的比容-分子量关系曲线

在玻璃化转变区，体积、熵及焓等性质的变化是连续的，但自由能对温度或压力的二阶导数，如热膨胀系数、比热容和压缩系数等发生不连续的变化，类似于热力学的二级相变，因此在早期文献中也把玻璃化转变称为二级相转变。一级相转变通常发生在 0.2℃这样狭窄的温度范围内；而玻璃化转变区一般宽达 10～20℃。此外，由于玻璃化转变不是热力学平衡过程，而是一个松弛过程，因此 T_g 的大小还明显依赖于实验条件，如升降温速率、频率、所受的应力、流体静压力及力的作用时间等。这种现象称为玻璃化转变的松弛特性。以降温速率的影响为例，降温速度越快，测得的 T_g 越高。降温速度对聚醋酸乙烯酯玻璃化转变温度的影响如图 15-3 所示。

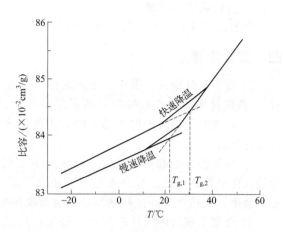

图 15-3　降温速度对聚醋酸乙烯酯
玻璃化转变温度的影响

本实验采用膨胀计法测定聚合物的玻璃化转变温度，主要是利用聚合物在玻璃化转变区的体积变化来测定其比容-温度曲线，从而分析得到玻璃化转变温度。其原理是基于玻璃化转变的自由体积理论，见图 15-4。自由体积理论最初是由 Fox 和 Flory 提出来的，认为液体或固体物质的体积由两部分组成：一部分是被分子占据的体积；另一部分是未被占据的自由体积。后者以"孔穴"的形式分散于整个物质之中，正是由于自由体积的存在，分子链才可能发生运动。当聚合物冷却时，起先自由体积逐渐减少，到某一温度时，自由体积将达到一最低值，这时聚合物进入玻璃态。在玻璃态下，由于链段运动被冻结，自由体积也被冻结，并保持一恒定值，自由体积"孔穴"的大小及其分布也将基本上维持固定。因此，玻璃化转变温度就是聚合物自由体积达到某一临界值的温度。

应用自由体积模型，可以解释非晶态聚合物在玻璃化转变区体积随温度的变化。当 $T < T_g$ 时，聚合物随温度升高发生的膨胀，包括分子振动幅度的增加和键长的变化，原子振动加剧，原子间相互作用减弱，原子间距增大。但自由体积不变，因为此时链段运动被"冻结"，无法通过链段运动将自由体积从外界导入聚合物。当温度达到 T_g 时，分子热运动具有足够的能量，而且自由体积也开始解冻而参加到整个膨胀过程

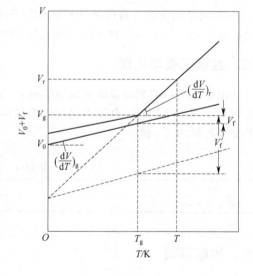

图 15-4　自由体积理论

中去，因而链段获得了足够的运动能量和必要的自由空间，从"冻结"进入"运动"。当 $T > T_g$ 时，即聚合物呈高弹态和黏流态时，除了这种正常的膨胀过程之外，还有自由体积本身的膨胀。所以，在玻璃化转变温度以上时，聚合物的膨胀系数比玻璃态的膨胀系数大。

三、实验仪器、试样与试剂

1. 实验仪器

膨胀计、甘油油浴锅、温度计（0～250℃）、集热式磁力搅拌器。

2. 实验试样与试剂

聚苯乙烯颗粒、乙二醇、真空密封油。

四、实验步骤

① 将膨胀计洗净、烘干。装入聚苯乙烯颗粒至膨胀管体积的 4/5。膨胀计实验装置如图 15-5 所示。

② 在膨胀管内缓慢加入乙二醇，用玻璃棒轻轻搅动使膨胀管内没有气泡。

③ 在膨胀计毛细管下端磨口处涂上少量真空密封油，将毛细管插入样品管，使乙二醇升入毛细管柱的下部，不高于刻度 10 小格；否则，应适当调整液柱高度，用滴管吸掉多余的乙二醇。

④ 观察毛细管内液柱高度是否稳定，如果液柱不断下降，说明磨口密封不良，应取下擦净重新涂密封油，直至液柱刻度稳定，并注意毛细管内不留气泡。

⑤ 将装好的膨胀计浸入甘油油浴锅，垂直夹紧，注意样品管不可触碰到锅底。开启加热键，搅拌，调节水浴升温速度为 1℃/min。

⑥ 读取水浴温度和毛细管内乙二醇液面的高度（每升高 5℃读一次，在 55～80℃ 之间每升高 2℃ 或 1℃ 读一次），直到 90℃ 为止。

⑦ 测量结束后，将已装好样品的膨胀计充分冷却，再改变升温速度为 2℃/min，继续测试和记录 2℃/min 条件下的液面高度和对应温度。

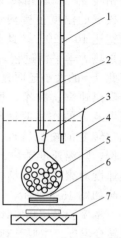

图 15-5　膨胀计实验装置
1—温度计；2—带刻度毛细管；
3—标准磨口；4—水浴；
5—玻璃膨胀计；6—磁力
搅拌子；7—集热式磁力搅拌器

五、数据记录与处理

记录所测得的液面高度和温度数据，填入表 15-1，作毛细管内液面高度对温度的曲线。在转折点两边作切线，其交点处对应温度即为玻璃化转变温度。分别分析两种不同升温速度下聚苯乙烯的 T_g 值。

表 15-1　实验数据记录表

温度/℃	
液面高度/mm	

六、注意事项

1. 实验时应根据待测样品的预估玻璃化转变温度，设置合适的测试温度范围，并在玻璃化转变温度附近增加读取数据的密度，以保证测试结果的准确性。

2. 实验时注意高温，小心烫伤。

3. 为保证实验结果的准确性，加热器的升温速度应能精确控制。

七、思考题

1. 影响聚合物玻璃化转变温度测试的条件有哪些？

2. 膨胀计测玻璃化转变温度时，对所选择的介质有何要求？

3. 测定玻璃化转变温度还有哪些方法？不同测试方法所得到的数据是否可比，为什么？

4. 改变测试时的升温速度对玻璃化转变温度测定值有何影响？

实验 16　聚合物的差示扫描量热分析

一、实验目的

1. 通过用差示扫描量热仪测定聚合物的加热及冷却谱图，了解差示扫描量热法（DSC）、差热分析法（DTA）的原理和应用。

2. 掌握应用 DSC 分析软件，分析聚合物的特征转变温度、热熔及结晶度的方法。

二、实验原理

热分析是指在程序温度下，测量物质的物理性质与温度关系的一类技术。此处所说的物质是指被测样品和（或）它的反应产物，而程序温度一般采用线性程序，但也可以是温度的对数或倒数程序。根据热分析的总定义，差示扫描量热法是指在程序温度下，测量输入物质和参比物的功率差与温度关系的技术。

DSC 是在 20 世纪 60 年代初期，为弥补 DTA 定量性不良的缺陷而发展起来的方法。DTA 应用的是测量试样与参比物的温差 ΔT，是试样热量变化 Q_s 的反映。当物质出现吸热或放热等变化时，DTA 或 DSC 曲线均能检测到相应的吸热峰或放热峰。当试样发生力学状态变化时（例如非晶态聚合物由玻璃态转变为高弹态），虽无吸热或放热现象，但比热容有突变，表现在热谱曲线上是基线的突然变动。试样内部对热敏感的变化更能反映在热谱曲线上。因而热谱分析 DTA、DSC 在高分子材料方面的应用特别广泛。它们可以用于研究聚合物的玻璃化转变温度 T_g、相转变、结晶温度 T_c、熔点 T_m、结晶度、等温结晶动力学参数；研究聚合、固化、交联、氧化、分解等反应以及测定反应温度或反应热、反应动力学参数等。

1. 基本原理

聚合物的热分析是用仪器检测聚合物在加热或冷却过程中热效应的一种物理化学分析技术。DTA 是程序控温条件下测量试样与参比物之间温度差随温度的变化，即测量聚合物在受热或冷却过程中，由于发生物理变化或化学变化而产生的热效应。当物质发生结晶熔化、蒸发、升华、化学吸附、脱结晶水、玻璃化转变、气态还原时就会出现吸热反应；当发生诸如气体吸附、氧化降解、气态氧化（燃烧）、爆炸、再结晶时就产生放热反应；当涉及结晶形态的转变、化学分解、氧化还原反应、固态反应等就可能发生放热或吸热反应。DSC 是在 DTA 的基础上发展起来的，其原理是检测程序升降温过程中为保持样品和参比物温度始终相等所补偿的热流率（dH/dt）随温度或时间的变化。

2. 差热分析

根据仪器结构，DTA 常用的差热分析池有经典 DTA 池和量热式 DTA 池。

（1）经典 DTA 池

其结构如图 16-1 所示，试样和参比物分别置于分离的两个容器中。

热电偶分别置于试样和参比物的中心，用于测量它们的温度及温差（ΔT）。这种测量池的主要缺点是所测量温差依赖于参比物和体系的尺寸，以及试样的密度、热导、比热容、热扩散等特性。因此，当把不同仪器测得的 DTA 曲线进行比较时，常常发现有所差异。

（2）量热式 DTA 池

其结构如图 16-2 所示。试样池和参比池相互隔离，热电偶安置于热流通道中。受热器有足够的热惯性限制通过热电偶的热流，这与经典式 DTA 池不同。这种池所得到的 DTA 曲线不受试样热性能和体系尺寸的影响，且试样池部件和热块设计使得整个试样和参比物温度均匀，并在稳态条件下工作。

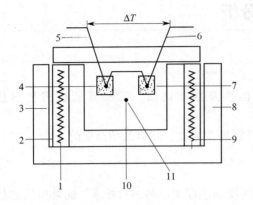

图 16-1 经典 DTA 池结构

1—加热器电源；2—冷却面积；3—液氮；
4—试样；5—试样热电偶；6—参比热电偶；
7—参比物；8—箱体；9—电热丝；
10—温度控制器；11—感温元件

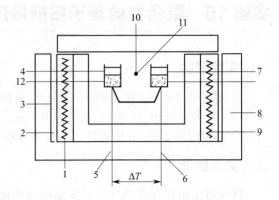

图 16-2 量热式 DTA 池的结构

1—加热器电源；2—冷却面积；3—液氮；4—试样；
5—试样热电偶；6—参比热电偶；7—参比物；8—箱体；
9—电热丝；10—温度控制器；
11—感温元件；12—受热器

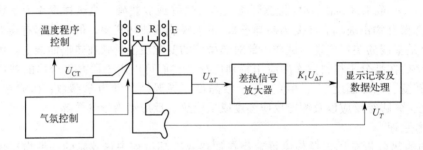

图 16-3 差热分析仪工作原理

S—试样；U_{CT}—由控温热电偶送出的毫伏（mV）信号；R—参比物；U_T—由试样下面的控温热电偶
送出的毫伏（mV）信号；E—电炉；$U_{\Delta T}$—由差示热电偶送出的毫伏（mV）信号；K_1—放大系数

　　图 16-3 是差热分析仪器工作原理，由温度程序控制系统、气氛控制系统、差热信号放大器、显示记录及数据处理系统组成，主要如下。

　　① 温度程序控制系统。包括炉子（加热器）、制冷器，以及控温热电偶和温度程序控制器，其作用是控制程序升温、降温、恒温。

　　② 气氛控制系统。包括真空泵、充气钢瓶、稳压阀、稳流阀、流量计等，其作用是为试样提供真空、保护气氛和反应气氛。

　　③ 差热信号放大器。其作用是把试样物理参数的变化转化成电量（电压、电流或功率），再加以放大后送到显示记录部分。

　　④ 显示记录及数据处理系统。其作用是把放大器所测得的物理参数对温度作图并记录下来。

　　在以上各部分中，差热信号放大器是差热分析的关键，它决定了仪器的灵敏度和精度。

　　测试中的参比物一般选择测量温度范围内本身不发生任何热效应的稳定物质，它的热容及热导率和样品应尽可能相近，参比物如 α-Al_2O_3、石英粉、氧化镁粉末等。当参比物和试样置于加热炉中的托架上，在等速升温或降温时，若试样不发生热效应，在理想情况下，试样温度和参比物温度相等，$\Delta T = 0$，差示热电偶无信号输出。记录仪上记录温差的笔仅画出一条直线，称为基线。当试样产生吸热反应时，试样温度比参比物的温度低，即 $\Delta T < 0$，则差热分析曲线偏离基线向下。若试样放热，即 $\Delta T > 0$ 时则向上画出曲线。由于热电偶的不对称，试样和基准物质的热容及热导率不同，差热分析曲线的基线常有不同程度的漂移。

在差热分析曲线上，由峰的位置可确定发生热效应的温度，由峰的面积可确定热效应的大小，由峰的形状可了解有关过程的动力学特性。峰面积 A 和相应热效应 ΔQ 成正比：

$$\Delta Q = K \int_{1}^{2} \Delta T \mathrm{d}t = KA \tag{16-1}$$

比例系数 K 可由标准物质实验来确定，K 值随温度、仪器、操作条件变化而变化。因此，用差热分析作定量分析不是很准确。此外，由于热电偶对试样热效应响应较慢，热滞后增大，差热分析曲线中峰的分辨率差。

3. 差示扫描量热分析

根据测试方法，DSC 可分为两种类型：一种为功率补偿型，它是记录热流率的仪器；另一种为热流型，它是记录差示温度的仪器。功率补偿型 DSC 与 DTA 的区别是在试样和参比物下面分别增加一个补偿加热丝和一个功率补偿放大器来克服 DTA 定量不够准确的缺点，图 16-4 是功率补偿型 DSC 工作原理。当试样在加热过程中由于热效应而出现温差 ΔT 时，通过差热放大电路和差动热量补偿放大器使流入补偿加热丝的电流发生变化，直到试样与参比物两边的热量平衡、温差 ΔT 消失为止。试样在热效应时发生的热量变化，由于及时输入电功率而得到补偿。这时，试样放热的速度就是补偿给试样和参比物的功率之差 ΔP。因此，DSC 曲线记录 ΔP 随 T（或 t）的变化而变化，即试样放热速度（或者吸热速度）随 T（或 t）的变化而变化。用 DSC 方法可以直接测量热量、进行定量分析，这是与 DTA 的一个重要区别。

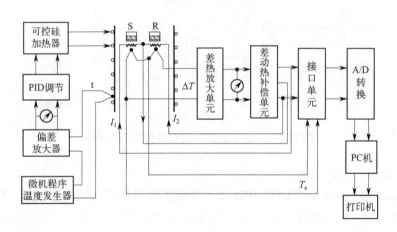

图 16-4　功率补偿型 DSC 工作原理

根据功率补偿型 DSC 的工作原理可知，其另一个突出的优点是在测试时试样与参比物的温度始终相等，避免了试样发生热效应造成的参比物与试样之间的热传递，故仪器灵敏，分辨率更高。

热流型 DSC 的工作原理与 DTA 相同。其主要区别在于，热流型 DSC 通过在薄盘中测量温度，测定来自于坩埚的热流差，这样就给出一个正比于样品与参比物热容差的信号，以此作为 DSC 来工作。本实验所用仪器即为热流型 DSC。图 16-5 是热流型 DSC 的加热/冷却系统示意。图 16-6 是热流型 DSC 仪器结构及工作原理。

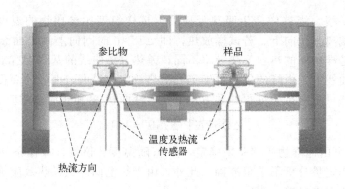

图 16-5　热流型 DSC 的加热/冷却系统示意

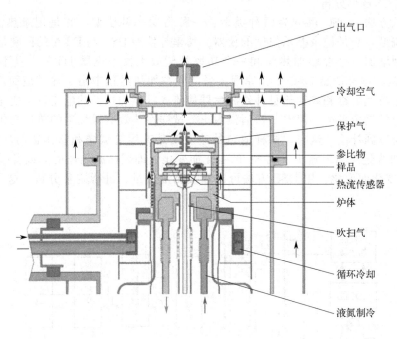

图 16-6　　热流型 DSC 仪器结构及工作原理

4. DTA 曲线、DSC 曲线

图 16-7 是聚合物 DTA 和 DSC 的曲线。当温度达到玻璃化转变温度 T_g 时（图中 5），试样的热容增大就需要吸收更多的热量，使基线发生位移（图中 2）。假如试样能够结晶，并且处于过冷的非晶状态时，则在 T_g 以上可以进行结晶；同时，放出大量的结晶热而产生一个放热峰（图中 6），进一步升温，结晶熔融吸热，出现吸热峰（图中 3）。再进一步升温，试样可能发生氧化交联反应而放热，出现放热峰（图中 7），最后试样发生分解、吸热，出现吸热峰（图中 4）。当然并不是所有的聚合物试样都存在上述全部物理变化和化学变化。

DSC 曲线中结晶试样熔融峰的峰面积对应试样的熔融热焓 H_f（J/mg）。若百分之百结晶试样的熔融热焓 H_f^* 是已知的，则按下式计算试样的结晶度 f_c：

$$f_c = H_f / H_f^* \tag{16-2}$$

5. 影响 DTA、DSC 曲线的因素

DTA 和 DSC 虽在原理及操作上都不复杂，但影响实验精度的因素很多，包括仪器因素和操作条件因素。仪器因素包括如下。

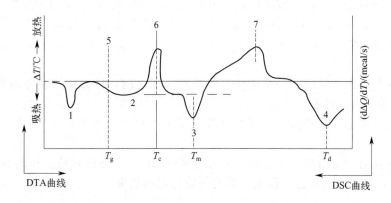

图 16-7　聚合物 DSC 和 DTA 的曲线

(1cal＝4.1868J)

1—固-固一级转变；2—偏移的基线；3—熔融转变；4—降解或汽化；5—二级或
玻璃化（态）转变；6—结晶；7—固化、氧化、化学反应或交联

① 样品支持器。在仪器制造、设计中要求试样（样品）支持器与参比物支持器完全对称，其位置和传热情况均需仔细考虑。

② 热电偶位置及形状。目前所用差示热电偶多是安放在样品皿底部的平板式热电偶，比过去的接点球形热电偶的重复性要好，但仍要注意样品皿底部要平。

③ 试样容器。所用材料对试样、中间产物、最终产物和气氛均应为惰性，不能有反应活性或催化活性。

④ 其他如炉子的形状、大小和温度梯度等。

操作条件因素包括如下。

① 气氛。在有气体组分释放或吸收的反应中，峰的温度和形状会受到系统气体压力的影响。如环境气氛所放出或吸收的气体相同，则这种变化更加显著。此外，所用气氛的性质如氧化性、还原性和惰性对 DTA 曲线、DSC 曲线影响很大。可以被氧化的试样在空气或氧气氛中会有明显的氧化放热峰，但在氮气或其他惰性气体中就没有氧化峰。

② 升温速率。DTA 曲线、DSC 曲线形状随升温速率的变化而改变。升温速率增大，峰温随之向高温方向移动。升温速度对峰的形状也有影响：升温速度快、基线漂移大，会降低两个相邻峰的分辨率；升温速度慢、峰尖锐，因而分辨率也高。

③ 试样因素。试样的量和参比物的量要匹配，以免二者热容相差太大引起基线漂移。试样装填应紧密。

三、实验仪器与试样

1. 实验仪器

DSC214 差示扫描量热仪、压样机、制样板、刀片、扎孔器、尖头镊子、平头镊子、铝坩埚。

2. 实验试样

聚乙烯、聚丙烯、聚酰胺（尼龙）、聚乙烯/聚丙烯共混物等树脂颗粒。

四、实验步骤

1. 开机

① 确定仪器电源指示灯亮，打开计算机。

② 打开钢瓶总开关，再调节减压阀输出旋钮，将流量调到 0.05MPa 左右。

③ 打开测试软件"DSC214 on Polyma"，在"诊断"中将"气体与开关"打开，勾选"气路 2"和"保护气"。

2. 制样

① 分别压制一个空坩埚、一个装样品的坩埚。压之前，将参比物和样品的坩埚盖子都平放在制样板上，扎一小孔。

② 用刀片将样品在制样板上切削成薄片或细小的颗粒，称量样品（5±0.5）mg，记录样品质量。

③ 装好样品后，将坩埚盖子盖好。放入压样机凹槽，手压压杆使上压头对准坩埚凹处，然后用力压下，压制过程应保证压紧，具有一定的密封效果。

3. 测试

① 观察仪器运行状态为空闲，即当前没有需要测试的样品，且仪器温度低于 200℃时，则打开炉子。将压好的坩埚放入仪器炉子，左边为参比空坩埚，右边为样品坩埚。若有需要测试样品，或仪器温度高于 200℃时，则等待仪器状态满足后，方可开始测试。

② 进入测量运行程序。选"File"菜单中的"New"进入编程文件，选择"Sample"测量模式，输入样品编号、样品名称、质量及保存路径。进入下一步测试程序，或者直接打开之前测试的一个文件，在其基础上修改样品和测试信息。

③ 此时进入温度控制编程程序，分段设置起始温度、测试升降温程序及终止温度（紧急复位温度）。每段程序的"STC""气路 2"和"保护气"都应选中。此外，程序段中如有100℃以上的温度，则该段程序的"冷却"也必须选中，最后一个程序即"结束程序"的"冷却"应关闭。

④ 单击下一步，选择"标准温度校正"文件、"标准灵敏度校正"文件。

⑤ 单击下一步，仪器开始初始化。等待初始化对话框跳出后，单击"初始化仪器"状态。在跳出的气体选项中，将"吹扫气 2"和"保护气"打钩，然后单击"开始"，则仪器开始执行设置的升降温程序。

4. 数据分析

① 在桌面上双击打开分析软件，打开保存的数据。

② 从分析软件中打开已测完的数据，鼠标单击选中曲线或想要分析的数据范围，单击"T/t"可对横坐标进行温度/时间转换。在横坐标为温度的状态下，单击"峰的综合分析"图标，并选择分析范围，可对所测试曲线分析其特征温度、热焓等参数。

③ 鼠标单击选中曲线，单击菜单中的"附加功能"—"导出数据"，选择分析范围、步长，并单击"改变"，将导出数据格式设置为 CSV；点确定即可得到原始数据点。

5. 关机

① 单击软件"诊断"菜单，勾选"气路 2"和"保护气"。

② 关闭软件，关闭计算机。

③ 关闭气瓶总开关。

五、数据记录与处理

将导出的原始数据用 Origin 等数据处理软件绘制成 DSC 曲线（含升温 DSC 曲线和降温 DSC 曲线），并结合软件分析结果解释各分析结果的物理意义，如熔点、结晶温度等，计算样品的结晶度。将原始数据记录于表 16-1 中。

表 16-1　原始数据记录

参数	熔点/℃	结晶温度/℃	熔融热焓/(J/g)	结晶度/%
结果				

六、注意事项

1. 仪器允许最高测试温度为 550℃。禁止做热分解实验，即实验温度不应超过样品的分解温度，防止样品的分解产物污染传感器。

2. 保持样品坩埚的清洁，应使用镊子夹取，避免用手触摸。坩埚必须加盖压制。

3. 样品应尽量与坩埚底部接触，样品量不应超过坩埚容量的 2/3。

4. 实验完成后，必须等炉温降到 200℃ 以下后才能打开炉体。

5. 测试程序中的紧急复位温度将自动定义为程序中的最高温度＋10℃，也可根据测试需要，重新设置该温度值。但目的是防止因仪器故障造成炉腔内温度过高而出现事故。

6. 当发现传感器污染时，可先在室温下用洗耳球吹扫，然后用棉花蘸乙醇（酒精）清洗，不可用硬物触及。擦拭完后一般要视情况对炉体进行空烧。若清理不干净，请及时通知管理人员。

七、思考题

1. 简述热流型与功率补偿型差示扫描量热仪的工作原理有何区别与联系。

2. 从分子结构与性能关系的角度，说明改变升温速度对 DSC 测试结果的影响。

实验 17　聚合物维卡软化点、热变形温度的测定

一、实验目的

1. 了解聚合物维卡软化点、热变形温度的测试原理和方法。

2. 掌握维卡软化点/热变形温度测试仪的操作。

3. 运用维卡软化点/热变形温度测试仪，测试指定聚合物的维卡软化点、热变形温度，对比分析并了解其原因。

二、实验原理

聚合物的耐热性能是指其在温度升高时保持力学性能的能力。聚合物材料的耐热温度是指在一定负荷下，其达到某一规定形变值时的温度。发生形变时的温度通常称为塑料的软化点。因为使用不同测试方法各有其规定选择的参数，所以软化点的物理意义不像玻璃化转变温度那样明确。常用维卡耐热和马丁耐热以及热变形温度测试方法测试塑料耐热性能。不同方法的测试结果相互之间无定量关系，它们可用来对不同塑料做相对比较。

1. 维卡软化点、热变形温度的定义

热塑性塑料维卡软化点：在特定液体传热介质中，匀速升温时，在标准规定的负荷条件下，$1mm^2$ 标准压针刺入热塑性塑料表面达到 1mm 深度时的温度。本方法仅适用于大多数热塑性塑料。

塑料弯曲负载热变形温度：当匀速升温时，测定标准规定的负荷条件下标准压头压下热塑性塑料试样，使试样上表面弯曲变形达到规定挠度时的温度。

维卡软化点、热变形温度的测试方法适用于许多热塑性材料，可以用于评价、比较热塑性聚合物材料的耐热性能。

2. 仪器结构及测试原理

本实验使用的 XRW-300 型维卡软化点/热变形温度测试仪见图 17-1。该仪器配有 4 个支架，每次可同时测试 4 个样品。维卡软化点/试样装置如图 17-2 所示。

图 17-1　XRW-300 型维卡软化点/热变形温度测试仪

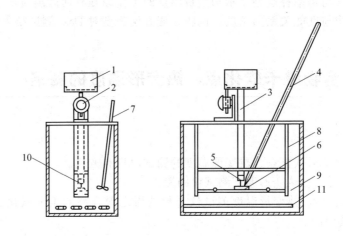

图 17-2　维卡软化点/试样装置
1—砝码；2—变形测量装置；3—负载杆；4—测量装置；5—压杆；
6—试样；7—搅拌器；8—支架；9—保温浴槽；10—压针/压头；11—加热器

维卡软化点/热变形温度测试仪主要由浴槽和自动控温系统两大部分组成。浴槽内装有导热液体、试样支架、穿透针（维卡软化点测试用）/压头（热变形温度测试用）、砝码、位移传感器等构件，主要分述如下。

① 导热液体。一般常用的矿物油有硅油、甘油、乙二醇等，最常用的是硅油。本仪器所用导热液体为二甲基硅油，它的绝缘性能好，室温下黏度较低，并使试样在升温时不受影响。

② 试样支架。该支架是由支撑架、负载、指示器、穿透针杆等组成，都是用同样膨胀系数的材料制成。

③ 穿透针。常用的针有两种，一种是直径为 $1^{+0.05}_{-0.02}$ mm 的没有毛边的圆形平头针，另一种为正方形平头针。

④ 砝码。按照标准要求进行选择。

⑤ 位移传感器。测试时，砝码连同压杆的质量通过压针或压头施加于样品上，与压杆上端接触的位移传感器通过测试压针或压头的位移，感应并检测到样品表面的形变。维卡软化点/热变形温度测试原理见图 17-3。

三、实验仪器与试样

1. 实验仪器

XRW-300 型维卡软化点/热变形温度测试仪（含二甲基硅油）、游标卡尺、镊子。

2. 实验试样

① 试样材质。热塑性聚合物聚苯乙烯、聚氯乙烯、聚乙烯。

② 试样形状。维卡软化点试样：按 GB/T 1633—2000 规定截取试样。试样厚度为 3～6.5mm，边长为 10mm 的正方形试样

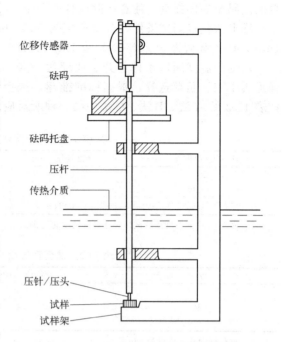

位移传感器
砝码
砝码托盘
压杆
传热介质
压针/压头
试样
试样架

图 17-3 维卡软化点/热变形温度测试原理

或直径 10mm 圆形样片。模塑试样厚度为 3～6.5mm。板材试样厚度取板材厚度，当厚度超过 6.5mm 时，通过单面机械加工使试样厚度减小到 3～6.5mm。如果板材厚度小于 3mm，将最多三片试样直接叠合在一起，使其总厚度在 3～6.5mm 之间，上片厚度至少为 1.5mm。

热变形温度试样：按 GB/T 1634.2—2019 规定截取试样。本实验选择标准注塑样条，尺寸为 80mm×10mm×4mm。

③ 其他要求。每组实验取两个试样。试样的支撑面和侧面应平行，表面平整光滑，无气泡，无锯齿痕迹、凹痕或飞边等缺陷。

四、实验步骤

1. 安装压针或压头

维卡软化点的测试实验选择压针，热变形温度的测试实验选择压头。压针和压头上及试样架上的数字编号应一一对应。

2. 开电源

打开计算机及仪器主机的电源开关。

3. 安装试样

双手握住试样架的手柄，将试样架提出油面，放在托板上。向左下方转动负载杆手球柄，把试样放在试样固定架平面中心位置上，将手球柄转回，放下负载杆压住试样（此时没有加载砝码），使压针或压头位于试样中心位置，并与试样垂直接触。

4. 将试样支架小心地放进油浴槽内（此时试样应位于液面 35mm 以下），油浴的起始温度一般应低于 27℃，或低于样品的维卡软化点/热变形温度 50℃。

5. 设置测试条件

打开测试软件，根据标准对实验条件的要求设置并输入相应的砝码质量、穿透深度或挠度、样品尺寸、升温速度、样品名称等信息。测试条件设置好后，根据标准要求放入相应质

量的砝码至砝码托盘，注意扣除压杆的质量 74g。

维卡软化点测试条件：升温速度为 50℃/h 或 120℃/h，穿透针压入深度（变形量）为 1mm，压入载荷为 5kg（50N）或 1kg（10N）。

热变形温度测试条件：升温速度为 50℃/h 或 120℃/h，标准挠度根据样品厚度确定，详见表 17-1。负荷选择：根据标准推荐，选择平放样品的测试法，并根据样品具体情况选择表 17-2 的 A 法、B 法、C 法中的一种所对应的负荷。

表 17-1　对应不同试样高度的标准挠度

试样高度（厚度 h）/mm	标准挠度/mm	试样高度（厚度 h）/mm	标准挠度/mm
3.8	0.36	4.1	0.33
3.9	0.35	4.2	0.32
4.0	0.34		

注：表 17-1 中的厚度反映试样尺寸容许的变化范围。

表 17-2　热变形温度测试负荷及砝码选择

方法	负荷/MPa	砝码质量/g
A	1.8	238
B	0.45	8
C	8	1292

注：负载杆和托盘质量为 68g。

6. 实验前调零

对于维卡软化点的测试，可直接开始调零；而热变形温度测试时，需放入砝码后使样品在油浴中稳定 5min 再开始调零。调零方法：单击程序界面中的"开始"按钮或操作菜单中的"启动实验"，此时进入"调零"窗口，对将要进行实验的架位进行调零。

调零窗口可同时对选定的架位进行调零操作。每个试样架对应一行彩块，各行表示的变形量自左到右依次增大。其中，黄块位置为零区，左边蓝色区域为负值范围，右边绿色区域为正值，红色块为当前试样相对于零区的位置。当红色显示块与中间黄色块重合时，表示调零成功。调零窗口见图 17-4。

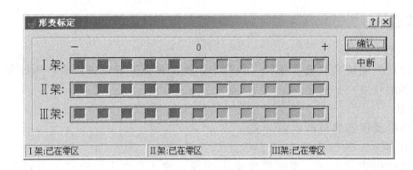

图 17-4　调零窗口

7. 升温测试

调零结束后，状态栏显示各架位对应的传感器已在零区，单击"确认"按钮继续进行实验。开始升温测试，此时软件界面实时显示样品变形量-温度曲线。测试时的软件界面见图 17-5。当达到设定的穿透深度或变形量后，实验自动结束；保存数据，记录相应的维卡软化点温度或热变形温度值。

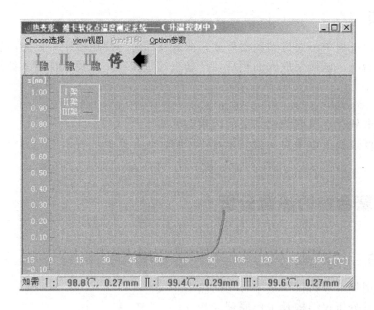

图 17-5　测试时的软件界面

8. 实验结束

实验完成后取出样品架，放在托板上冷却，用镊子取出样品，待二甲基硅油冷却后关掉仪器电源和计算机。

五、数据记录与处理

1. 将实验数据记录在表 17-3～表 17-5 中，并对比分析相同形状的不同样品之间维卡软化点、热变形温度差异的原因。

表 17-3　维卡软化点测试实验数据记录表（矩形试样）

试样	试件尺寸/mm			穿透针下降 1mm 时的温度/℃	备注
	长	宽	高		

表 17-4　维卡软化点测试实验数据记录表（圆形试样）

试样	试件尺寸/mm		穿透针下降 1mm 时的温度/℃	备注
	直径	高		

表 17-5　热变形温度测试实验数据记录表

试样	试件尺寸/mm			挠度/mm	试样达到挠度时的温度/℃	备注
	长	宽	高			

六、注意事项

1. 实验进行过程中不要碰到仪器外壁，取放样品时应使用镊子，以防高温烫伤。
2. 实验开始前，试样架放入油箱后，严禁抬起负载杆，以免试样滑入油浴。

七、思考题

1. 影响维卡软化点温度测试结果的因素有哪些？
2. 升温速度过快或过慢对实验结果有何影响，为什么？

实验 18 聚合物的热重分析

一、实验目的

1. 学会使用热重分析仪测定聚合物的热重曲线。
2. 了解热重分析仪结构及工作原理。
3. 掌握运用热重曲线分析聚合物热分解温度、热失重等参数的方法。

二、实验原理

热重分析（TGA）法是在程序控温下，连续测定试样失重的一种动态方法。也可在恒定温度下，将失重作为时间的函数进行测定。应用 TGA 可以研究各种气氛下聚合物的热稳定性和热分解作用，测定水分、挥发物和残渣，增塑剂的挥发性，水解与吸湿性，以及吸附与解吸，汽化速度和汽化热；升华速度和升华热、氧化降解、固化反应、缩聚聚合物的固化程度，复合材料中填料的含量等。此外，部分聚合物的热重曲线具有一定的特征性，还可作为鉴定之用。

1. 热重分析法的定义

TGA 是测定试样在温度等速上升时质量的变化，或者测定试样在恒定的高温下质量随时间变化的一种分析技术。

由热重法测得的结果记录为热重曲线或称 TG 曲线。可有两种函数形式：恒定升温速率下样品质量随温度的变化；恒定温度下样品质量随时间的变化。

质量变化对时间或温度的一阶导数称为微分热重（DTG）曲线。其纵坐标为质量变化速率 $\mathrm{d}m/\mathrm{d}t$ 或 $\mathrm{d}m/\mathrm{d}T$，横坐标为时间或温度。如图 18-1 所示是典型的 TG 曲线和对应的 DTG 曲线。开始时，由于试样残余小分子物质的热解吸，试样有少量的质量损

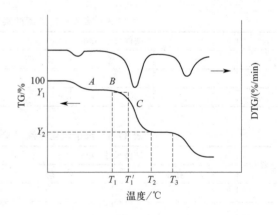

图 18-1 典型的 TG 和对应的 DTG 曲线

失，损失率为 $(100-Y_1)\%$；经过一段时间的加热后，温度升至 T_1，试样开始出现大量的质量损失，直至 T_2，损失率达 $(Y_1-Y_2)\%$；在 T_2 到 T_3 阶段，试样存在其他稳定相；随着温度的继续升高，试样再进一步分解。图 18-1 中 T_1 称为分解温度，有时取 C 点的切线与 AB 延长线相交处的温度 T_1' 作为分解温度，后者数值偏高。

2. 热重分析仪结构及工作原理

热重分析仪一般由以下四个部分组成：电子天平、加热炉、程序控温系统和数据处理系统（微型计算机）。用于热重法的热重分析仪（即热天平）是连续记录质量与温度函数关系的仪器，它是把加热炉与天平结合起来进行质量与温度测量的仪器，图 18-2 是热重分析仪工作原理。其主要工作原理是把电路和天平结合起来，通过程序控温仪使加热电炉按一定的升温速率升温（或恒温）。当被测试样发生质量变化时，光电传感器能将质量变化转化为直流信号。此信号经测重电子放大器放大并反馈至天平动圈，产生反向电磁力矩，驱使天平梁复位。反馈形成的电位差与质量变化成正比（即可转变为样品的质量变化）。其变化信息通过记录仪描绘出 TG 曲线。

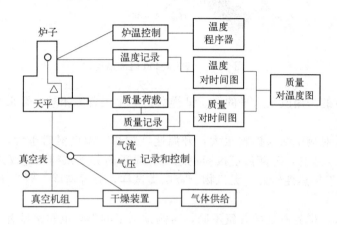

图 18-2　热重分析仪工作原理

本实验所用的热重分析仪型号为 SDT Q600 同步热分析仪（图 18-3），使用水平双臂式天平结构。其内部结构见图 18-4，分别支撑样品和参比样品。样品端天平用于检测样品质量变化，参比端天平用于修正 TGA。双臂式的天平设计更有利于基线稳定，即使在高温段也不会产生基线漂移。

3. 影响实验结果准确性的因素

正如其他分析方法一样，热重分析法的实验结果也受到一些因素的影响，加之温度的动态特性和天平的平衡特性，使影响 TG 曲线的因素更加复杂，主要如下。

图 18-3　SDT Q600 同步热分析仪

（1）浮力的影响

浮力的变化是因升温使试样周围气体膨胀产生密度变化而引起的。在 300 ℃时浮力降低到常温浮力的 1/2 左右，900℃时减少到 1/4 左右，因此测得的结果是表观质量在增加。处于加热部分的试样盘和其他支承杆等体积越大，这种效应就越显著。

（2）对流的影响

由于整个热天平系统是置于常温中，而试样的周围受热，这就不可避免地要产生热的对流现象。热对流的结果相当于对试样产生了一个向上（或向下）的力，从而在测出与无对流情况相比不同的质量。为解决这一问题，有的采用隔热板，或在天平部分和试样之间设置冷

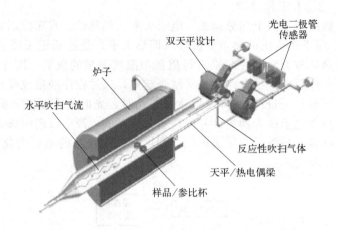

图 18-4　SDT Q600 内部结构

却水加以避免。有的采用改变天平的梁、试样盘、炉子三者的相对位置来减少这种影响。

（3）升温速度

升温速度快慢对测试结果影响很大，升温速度越快，温度滞后也大，开始分解温度 T_i 及终止分解温度 T_f 越高，分解温度区间也越宽。对于高分子试样，建议采用的升温速度为 $5 \sim 10 ℃/\min$；对于传热性较好的无机物、金属类试样，升温速度一般为 $10 \sim 20 ℃/\min$。

（4）气氛

做热重实验时，样品所处的气氛不同，对测试结果的影响也非常显著。常见的气氛有空气、氧气、氮气、氦气、氩气、氢气等。实验前应考虑气氛与热电偶、试样容器或仪器的元部件有无化学反应，是否有爆炸和中毒的危险等。另外，气氛是处于静态还是动态，对实验结果也有很大影响。如果试样在实验时分解产物处于静态，不能充分逸散，则会使其分压升高，影响反应平衡。气氛处于动态时应注意其流量对试样的分解温度、测温精度和 TG 谱图的形状等影响。

（5）坩埚

坩埚的材质有玻璃、铝、陶瓷、石英等，其深度有深有浅。坩埚选择应注意匹配，如聚四氟乙烯样品不能用陶瓷、玻璃和石英类坩埚测试，因为相互之间会发生作用形成挥发性碳化物。

（6）样品

对于样品而言，样品量、样品装填情况、反应放出的气体在样品中的溶解性、粒度、反应热、导热性等，样品挥发物的再凝缩、温度测量等，甚至于同样的样品在不同厂家、不同型号的仪器所得到的分析结果也会有所不同。

进行 TG 分析时为了得到最佳的可比性，应该尽可能稳定每次实验的条件，以便尽可能减少误差，使分析结果更能说明问题。考虑到高分子材料的 TG 分析大都是对比性的，所以保持每次实验条件的一致是极其重要的。

三、实验仪器与试样

1. 实验仪器

同步热分析仪器 SDT Q600、氧化铝坩埚、镊子、刀片、药匙。

2. 实验试样

聚乙烯、聚氯乙烯、聚四氟乙烯、聚甲基丙烯酸甲酯、聚酰亚胺等聚合物细小颗粒。

四、实验步骤

1. 开机

① 打开所需气体总阀，调节减压阀至压力显示为 0.1。

② 打开仪器和计算机电源，预热 10min。

③ 双击桌面"TA EXPLORER"图标，然后双击"Q600"图标，进入软件界面。

2. 测试

① 单击"Control"—"furnace"—"open"，打开炉子，转入保护盘，在参比端和样品端分别小心放入空坩埚和盖子，将保护盘转出。单击"Control"—"furnace"—"close"，关闭炉子。稳定后点"tare"调零。

② 待质量数据前的"♯"消失，质量值跳动不大时，单击"Control"—"furnace"—"open"，打开炉子，转入保护盘。轻轻将样品坩埚取出，装入待测样品，然后轻轻将坩埚放回样品端。单击"Control"—"furnace"—"close"，关闭炉子。

③ 在仪器控制界面"Summary"页，选择"MODE"项为"SDT Standard"；设定样品名称、保存路径。

④ 单击"procedure"，在该界面单击"editor"，设置升温速度为 10℃/min。根据样品热稳定性不同，最高温度设置为 650℃、700℃或 850℃。

⑤ 单击"Note"，设置气体类型为空气（纯空气），流量为 100mL/min。

⑥ 设置完后，点下方的"Apply"，以应用所有设置及更改。

⑦ 观察等待质量较稳定，点"▽"开始运行升温程序。

3. 数据分析与保存

测试完成后在桌面上双击打开分析软件"Universal Analysis"，然后打开已保存的数据，选择应用以下功能对数据进行初步分析。

① integrate peak（峰积分）：计算热量变化、熔融起始温度、峰尖温度、峰面积。

② peak max（峰最大值）：测定峰最大值。

③ signal change（起始温度）：测定某温度范围内的信号变化，主要分析质量变化，计算热失重。

④ 分析：在熔融曲线中选择要分析的温度范围，然后点"accept limits"，即可得到相应分析结果值。

⑤ 保存数据：打开已测完的原始数据文件，单击"File"—"export"—"export files and signals"，导出原始数据 txt 格式。

4. 关机（平时不需关机）

① 单击仪器控制界面"Control"下拉菜单"Shutdown"。

② 跳出对话框，继续单击"Shutdown"后，关闭仪器控制界面。

③ 等待仪器触摸屏上出现"888"后，关闭仪器电源。

④ 关闭计算机，关闭气体总阀。

五、数据记录与处理

将测试导出的数据 txt 文件导入 Origin 等数据处理软件，作图得到相应的 TG 曲线，对曲线求导可得到 DTG 曲线。根据 TG 曲线分析各样品的热分解温度，并对比不同聚合物的热稳定性顺序；对于有一段以上失重的聚合物，解释 TG 曲线各段失重原因。

六、注意事项

1. 实验时请勿触碰仪器炉子，以防烫伤。
2. 一个样品测试完成，需换样测试时，应保证温度低于100℃才能打开炉子。
3. 对于多个样品的对比测试，务必保证测试条件的一致性。

七、思考题

1. TG曲线与DTG曲线之间有何区别与联系？
2. 由实验中所测各样品的TG曲线可以得到关于样品热稳定性的哪些信息？

实验19　聚合物温度-形变曲线测定

一、实验目的

1. 掌握测定聚合物温度-形变曲线的方法及其原理。
2. 理解非晶态聚合物的三个力学状态与其温度-形变曲线之间的对应关系。
3. 根据所测得的温度-形变曲线分析聚合物的玻璃化转变温度和黏流温度。

二、实验原理

高分子材料由于其结构单元的多重性而导致了运动单元的多重性，在不同的温度（时间）下可表现出不同的力学行为。这些力学性质及各力学状态的转变点可以在温度-形变曲线上得到体现。因此，通过温度-形变曲线可以了解聚合物的分子运动与力学性能间的关系，分析聚合物的结构形态，如结晶、交联、增塑、分子量等；同时，还可求得其特征温度如玻璃化转变温度、黏流温度、熔点和分解温度等。另一方面，由温度-形变曲线可以评价材料的耐热性、使用温度范围及加工温度等，具有一定的实际意义。

1. 线型非晶态聚合物的力学状态和热转变

线型非晶态聚合物存在三种力学状态。当对非晶态聚合物施加一恒定的力时，观察试样形变与温度的关系，便会得到如图19-1所示的非晶态聚合物的温度-形变曲线，或称为热机械曲线。当温度较低时，试样呈刚性固体状，在外力作用下只发生非常小的形变；温度升到某一范围后，试样的形变明显增加，并在随后的温度区间达到一相对稳定的形变。在这一个区域中，试样变成柔软的弹性体，温度继续升高时，形变基本保持不变；温度再进一步升高，则形变量又逐渐加大，试样最后完全变成黏性流体。

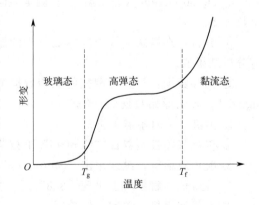

图19-1　非晶态聚合物的温度-形变曲线

根据试样力学状态随温度变化的特征，可以把线型非晶态聚合物按温度区域不同划分为三种力学状态——玻璃态、高弹态和黏流态。玻璃态与高弹态之间的转变，称为玻璃化转变，对应的转变温度即玻璃化转变温度，通常用T_g表示；而高弹态与黏流态之间的转变温度称为黏流温度，用 T_f 表示。前者是塑料的使用温度上限，橡胶类材料的使用温度下限；后者是成型加工温度的下限。

三种力学状态是其内部分子处于不同运动状态的宏观表现。在玻璃态下，由于温度较低，分子运动的能量很低，不足以克服主链内旋转的位垒，因此链段处于被冻结的状态，只有那些较小的运动单元，如侧基、支链和小链节等才能运动。因此，高分子链不能实现从一种构象到另一种构象的转变。由于此时链段运动被冻结，当聚合物受到外力时，只能使主链的键长和键角有微小改变，因此从宏观上来看，聚合物受力后的形变很小，形变与受力的大小成正比，当外力除去后形变能立刻恢复。这种力学性质称虎克型弹性，又称普弹性。

随着温度的升高，分子热运动能量逐渐增加。当达到某一温度时，虽然整个分子的移动仍不可能，但分子热运动的能量已足以克服内旋转的位垒，分子通过主链中单键的内旋转不断改变构象，这时链段运动被激发。也就是说，当温度升高到某一温度，链段运动的松弛时间减少到与实验测量时间标尺同一个数量级时，我们便可以觉察到链段的运动，此时聚合物进入高弹态。在高弹态的聚合物受到外力时，分子链可以通过单键的内旋转和链段构象的改变以适应外力的作用。例如，受到拉伸力时，分子链可从蜷曲状态变为舒展状态，因而表现在宏观上可以发生很大的形变。一旦外力除去，分子链又要通过单键的内旋转和链段运动恢复到原来的蜷曲状态，表现为弹性回缩。由于这种变形是外力作用促使聚合物链发生内旋转的过程，它所需的外力显然比聚合物在玻璃态时变形（改变化学键的键长和键角）所需要的外力要小得多，而变形量却大得多。

温度继续升高，链段运动的松弛时间继续缩短，而且整个分子链移动的松弛时间也缩短到与我们实验所观察的时间标尺相同数量级。这时聚合结构在外力作用下便发生黏性流动，它是整个分子链互相滑动的宏观表现。这种流动同低分子液体的流动类似，是不可逆的变形，外力除去后变形不能自发恢复。

并不是所有非晶态聚合物都一定具有三种力学状态，如聚丙烯腈的分解温度低于黏流温度而不存在黏流态。此外交联、结晶、添加增塑剂等都会使得 T_g、T_f 发生相应的变化。非晶态聚合物的分子量增加会导致分子链相互滑移困难，松弛时间增长，高弹态平台变宽，黏流温度升高。

2. 交联聚合物的力学状态

对于交联聚合物，由于相互交联而不可能发生黏性流动。当交联度较低时，链段的运动仍可进行，因此仍可表现出高弹性；而当交联度很高，交联点间的链长小到与链段长度相当时，链段的运动也被束缚，此时在整个温度范围内只表现出玻璃态。无定形聚合物与交联聚合物温度-形变曲线的对比如图 19-2 所示。

3. 结晶聚合物的力学状态

由于结晶聚合物存在晶区和非晶区，其中的微晶起到类似交联点的作用。当结晶度较低时，聚合物中的非晶部分在温度达到 T_g 后仍可表现出高弹性，而当结晶

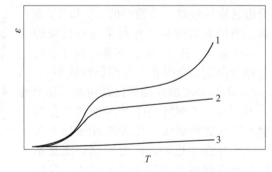

图 19-2　无定形聚合物与交联聚合物
温度-形变曲线的对比
1—无定形聚合物；2—低交联度的交联聚合物；
3—高交联度的交联聚合物

度大于 40% 左右时，微晶交联点彼此连成一体，形成贯穿整块材料的连续结晶相。此时链段的运动被抑制，即使温度在 T_g 以上也不能表现出高弹性。结晶聚合物当温度大于熔点

T_m 时，其温度-形变曲线即重合到非晶态聚合物的温度-形变曲线上，此时又分两种情况，如 $T_m > T_f$，则熔化后直接进入黏流态；如 $T_m < T_f$，则先进入高弹态。结晶聚合物的温度-形变曲线如图 19-3 所示。

4. 温度-形变曲线测定的意义

温度-形变曲线的测定属于热机械分析（TMA）法，是在程序控制温度下测量物质在非振动负荷下的形变与温度关系的一种技术。实验时对具有一定形状的试样施加外力，根据所测试样的温度-形变曲线就可以得到试样在不同温度（时间）的力学性质。所施加外力的方式有压缩、扭转、弯曲和拉伸等。

由上述介绍可知，温度-形变曲线与聚合物的分子结构、凝聚态结构等密切相关，因此温度-形变曲线在材料结构分析中具有以下重要意义。

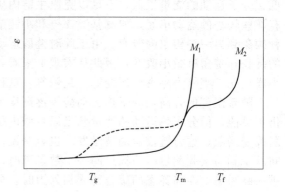

图 19-3　结晶聚合物的温度-形变曲线
（虚线表示结晶度较低，分子量 $M_2 > M_1$）

① 了解聚合物分子运动与力学性能间的关系。

② 分析聚合物的结构形态（结晶、交联、增塑等）。

③ 反应在加热时发生的化学变化（如交联、降解等）。

④ 表征聚合物的特征温度（玻璃化转变温度、黏流温度、熔点、分解温度）。

⑤ 评价材料耐热性，指导材料加工温度。

5. 温度-形变曲线测量实验的影响因素

温度-形变曲线主要受到测试时的升温速度、载荷大小及试样尺寸的影响。升温速度的影响是由运动的松弛性质决定的。当升温速度较快时，所测得的 T_g 和 T_f 都较高。当增加载荷时，有利于运动过程的进行，因此 T_g 和 T_f 均会下降。而 T_m 由于是相变温度，受操作条件的影响较小。

6. 温度-形变曲线测量仪结构及工作原理

本实验用于测量温度-形变曲线的仪器为热形变性能测量仪，其结构如图 19-4 所示。其主要由加热炉、温度控制和测量系统以及形变测量系统三个部分组成。温度控制采用调压器，温度测量采用镍铬-镍铝热电偶。由于冷端为 0℃ 时的温差电势才能与温度直接相关，而此时参比端温度为室温 25℃，根据所测得的温度为 25℃ 时的热电势 $E_K(T,25)$，利用式（19-1）所示热

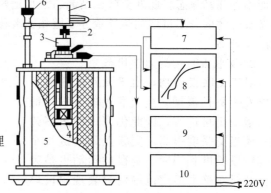

图 19-4　热形变性能测量仪
1—差动变压器；2—压杆；3—砝码；4—样品；
5—加热炉；6—差动变压器支架调节螺丝；
7—相敏整流电路；8—双笔记录仪；
9—等速升温装置；10—交流稳压电源

电势之间的关系，根据计算结果，通过查询分度表，可得到实际温度。

$$E_K(T,0) = E_K(T,25) + E_K(25,0) \tag{19-1}$$

式中，$E_K(T,0)$ 表示测量端温度为实际温度 T、参比端温度为 $0℃$ 时测得的热电势；$E_K(T,25)$ 表示测量端温度为 T、参比端温度为 $25℃$ 时测得的热电势；$E_K(25,0)$ 表示测量端温度为 $25℃$、参比端温度为 $0℃$ 时的热电势，可通过分度表查得。

形变测量系统由位移传感器和相敏整流电路组成，是由一组初级线圈 L_0 和两组相同而反相串联的次级线圈 L_1、L_2 组成的。线圈中心放入可沿 AB 方向移动的铁芯。工作时初级线圈输入一个音频信号。当铁芯中心处于 0 点处时，则铁芯与次级线圈 L_1、L_2 的互感相等；两个次级线圈的感应电动势大小相等，相位相反，互相抵消，使输出等于零。如果把铁芯向 A 方向做一定的位移，则 L_1 与 L_2 上的电压不能互相抵消，从而产生输出电压。

三、实验仪器与试样

1. 实验仪器

GTS-Ⅲ型热形变性能测量仪（简称形变仪）。

2. 实验试样

聚甲基丙烯酸甲酯薄片、聚丙烯薄片。

四、实验步骤

① 截取一小块厚约 1mm 的聚甲基丙烯酸甲酯试样，打开加热炉，将样品放在样品台上，压杆触头压在样品的中央，并检查压杆能否上下自由位移。彻底清除上次测量留下的残渣，闭合炉子。

② 正确连接好全部测量线路，经检查无误后，接通形变仪和记录仪电源，等待仪器稳定。

③ 单击菜单项下的"开始实验"，或"开始实验"图标按钮，弹出"开始本次实验"框（测试软件界面见图 19-5）。可以在此框的相应栏中输入等速升温速度、室温、压缩应力等参数，其中升温速度为 $2\sim5℃/min$。

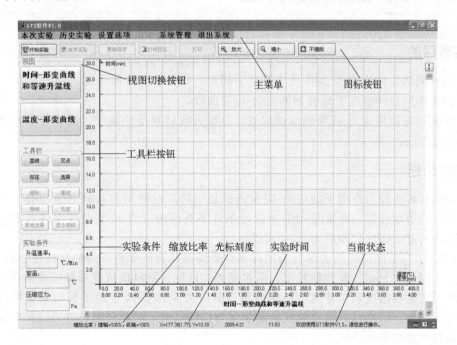

图 19-5　测试软件界面

④ 上述数据输入完毕后，单击"开始实验"，软件将在"时间-形变曲线和等速升温曲线"视图开始接收实验数据并生成相应曲线。

⑤ 实验结束后，单击菜单项下的"结束实验"，软件将停止接收实验数据。每次实验结束后都要执行本操作，只有结束上一次的实验才能开始新的实验。

⑥ 切断升温系统电源，打开加热炉，开动微型风扇降温。

⑦ 待炉子冷却后，更换样品（或改变升温速度）再做一次。

⑧ 实验结束后，切断全部电源，打开加热炉，清除残渣。

五、数据记录与处理

将实验所得的温度-形变曲线原始数据导出，使用 Origin 等绘图软件作图，标注横纵坐标及其单位，并根据曲线分析各样品的玻璃化转变温度、黏流温度或熔点等。

六、注意事项

1. 实验时应注意安全，防止高温烫伤。

2. 实验结束后应使加热炉自然冷却，以延长仪器使用寿命。

七、思考题

1. 聚合物的温度-形变曲线受哪些实验条件的影响？如何控制实验条件以保证实验结果的可比性？

2. 线型非晶态聚合物的温度-形变曲线与分子运动有什么内在联系？

3. 聚合物的温度-形变曲线对其加工或使用过程有何指导意义？

实验 20　聚合物拉伸性能测试

一、实验目的

1. 通过测试拉伸应力-应变曲线来判断不同聚合物材料的拉伸性能。

2. 测定不同拉伸速度下聚合物的应力-应变曲线。

3. 掌握利用拉伸应力-应变曲线读取或计算聚合物材料拉伸强度、断裂伸长率和弹性模量等参数的方法。

二、实验原理

聚合物材料在拉力作用下的应力-应变测试是一种广泛使用的基础力学实验。为了评价聚合物材料的力学性能，通常是用等速拉伸条件下获得的应力-应变曲线来进行描述，不同种类的聚合物有不同的拉伸应力-应变曲线。

拉伸应力-应变曲线提供力学行为的许多重要线索及表征参数，如弹性模量、拉伸强度、断裂应力、屈服伸长率、断裂伸长率、断裂能等，以评价材料抵抗变形和吸收能量的性质优劣；从较广的实验温度和拉伸速度范围内测得的应力-应变曲线有助于判断聚合物材料的强弱、软硬、韧脆，粗略估算聚合物所处的状况与拉伸取向、结晶过程，并为设计和应用部门选用最佳材料提供科学依据。

拉伸实验是在规定的实验温度、拉伸速度和湿度条件下，对标准试样沿其纵轴方向施加拉伸载荷，并同时测定试样所受的应力和形变值，直到试样被拉断为止。

拉伸应力是试样单位面积上所受到的拉力，可按式（20-1）计算：

$$\sigma = \frac{P}{bd} \tag{20-1}$$

式中，σ 为拉伸应力；P 为最大拉伸载荷、断裂负荷、屈服负荷，N；b 为试样宽度，mm；d 为试样厚度，mm。

拉伸应变是原始标距单位长度的增量，可按式（20-2）计算：

$$\varepsilon = \frac{I - I_0}{I_0} \times 100\% \tag{20-2}$$

式中，I_0 为试样原始标线距离，mm；I 为试样断裂时的标线距离，mm。

此外，在国家标准 GB/T 1040.1—2018 中还定义了标称应变 ε_t，它是用横梁位移来描述的试样变形量，计算公式见式（20-3）。

$$\varepsilon_t = \frac{\Delta D}{D_0} \times 100\% \tag{20-3}$$

式中，ΔD 为横梁位移，mm；D_0 为夹具间初始距离，mm。

等速条件下拉伸时，无定形聚合物的典型拉伸应力-应变曲线如图 20-1 所示，图中的点 a 为弹性极限，σ_a 为弹性（比例）极限强度，ε_a 为弹性极限伸长率。在点 a 前为弹性区，即除去应力后材料能恢复原状，在该区域内应力-应变服从虎克定律：$\sigma = E\varepsilon$。a 点之前的曲线的斜率 E，即弹性模量，反映材料的硬性。y 为屈服点，对应的 σ_y 和 ε_y 称为屈服强度和屈服伸长率。材料屈服后，可在点 t 处，也可在点 t' 处断裂。也就是说，材料的断裂强度可大于或小于屈服强度。ε_t（或 $\varepsilon_{t'}$）称为断裂伸长率，反映材料的延伸性。屈服点之后是塑性区，即材料产生永久性变形，不再恢复原状。

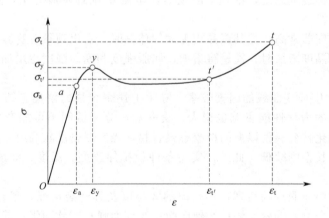

图 20-1　无定形聚合物的典型拉伸应力-应变曲线

根据应力-应变曲线的形状，以及 σ_t 和 ε_t 的大小，可以看出材料的性能，并借以判断它的应用范围。如根据 ε_t 的大小可以判断材料的强与弱，更准确地讲是从曲线下面积的大小，判断材料的脆性与韧性。从微观结构看，在外力的作用下聚合物产生大分子链的运动，包括分子内键长和键角的变化、分子链段的运动，以及分子间的相对位移等。沿受力方向上的整体运动（伸长）是通过上述各种运动来达到的。由键长和键角变化引起的形变较小（普弹形变），而链段运动和分子间的相对位移（塑性流动）产生的形变较大。材料从拉伸到破坏时，如果链段运动或分子位移仍不能发生或只是很小，则材料表现为脆性断裂。若达到一定负荷，可以克服链段运动及分子位移所需要的能量，形变就大，则材料表现为韧性断裂。

结晶聚合物的应力-应变曲线与无定形聚合物有差异，结晶聚合物的典型应力-应变曲线如图 20-2 所示。

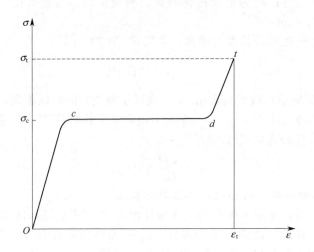

图 20-2　结晶聚合物的典型应力-应变曲线

拉伸过程中，聚合物微晶在 c 点后将出现取向或熔解，然后沿受力方向进行重排或重结晶，故 σ_c 称为重结晶强度，它同时也是材料"屈服"的反映。从宏观上看，材料在点 c 将出现细颈，随着拉伸继续进行，细颈不断发展，至点 d 细颈发展完全，然后应力继续增大至点 t 时材料就断裂。

当聚合物结晶度非常高，尤其当晶相为大的球晶时，会出现聚合物脆性断裂的特征。总之，当聚合物的结晶度增加时，模量将增加，屈服强度和断裂强度也增加，但屈服形变和断裂形变却减小。

影响聚合物应力-应变曲线的因素较多，除了上述聚合物的聚集态结构，聚合物分子链间化学交联对材料的力学性能影响也很大。交联后，分子链间不可能产生滑移，黏流态消失。例如对于玻璃化转变温度以上的橡胶态聚合物，当交联密度较高时，其抗张强度、模量均较高，但断裂伸长率则较低。此外，实验条件如拉伸速度、温度、湿度等对应力-应变曲线也有影响。

根据拉伸过程中屈服点的表现，伸长率的大小以及其断裂情况，聚合物应力-应变曲线大致可归纳为五种类型：①软而弱；②硬而脆；③硬而强；④软而强；⑤硬而韧。聚合物应力-应变曲线的类型如图 20-3 所示。

从应力-应变曲线中可以得到材料的力学性能参数，具体详见图 20-4 典型应力-应变曲线及其各参数定义。

① 拉伸强度 σ_m：在拉伸实验过程中，观测到的最大初始应力，MPa。

② 拉伸断裂应力 σ_b：在拉伸应力-应变曲线中试样断裂时的应力，MPa。

③ 拉伸屈服应力 σ_y：在拉伸应力-应变曲线中出现应力不增加而应变增加时的最初应力，即试样发生屈服时的应力，MPa。

④ $x\%$ 拉伸应变应力 σ_x：在应变达到规定值（$x\%$）时的拉伸应力，MPa。

⑤ 拉伸弹性模量 E（MPa）：在比例极限内，材料所受应力差值（$\sigma_2-\sigma_1$）与对应的应

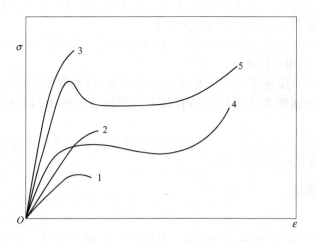

图 20-3　聚合物应力-应变曲线的类型

1—软而弱；2—硬而脆；3—硬而强；4—软而强；5—硬而韧

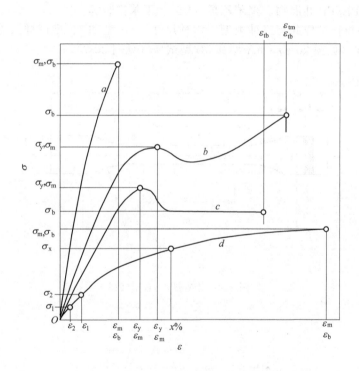

图 20-4　典型应力-应变曲线及其各参数定义

曲线 a—脆性材料；曲线 b 和 c—有屈服点的韧性材料；曲线 d—无屈服点的韧性材料

变差值（$\varepsilon_2 - \varepsilon_1$；$\varepsilon_1 = 0.05\%$，$\varepsilon_2 = 0.25\%$）之比值，MPa。即应力-应变曲线的初始直线部分的斜率，按式（20-4）计算：

$$E_t = \frac{\sigma_2 - \sigma_1}{\varepsilon_2 - \varepsilon_1} \tag{20-4}$$

⑥ 拉伸断裂应变/断裂伸长率 ε_b：对于拉伸过程中无屈服的塑料材料，应力下降至小于或等于强度的 10% 之前最后记录的数据点对应的应变。

⑦ 拉伸断裂标称应变 ε_{tb}：对断裂发生在屈服之后的试样，应力下降至小于或等于强度的 10％ 之前最后记录的数据点对应的标称应变。

曲线 d 上（$\varepsilon_1 = 0.05\%$，$\varepsilon_2 = 0.25\%$）仅表示通过（σ_1,ε_1）和（σ_2,ε_2），按式（20-4）计算拉伸模量 E_t 时所用的两个点。

本实验在不同拉伸速度下测定了各聚合物的应力-应变曲线。同时，还分别对比了不同聚合物在相同拉伸速度下的应力-应变曲线和同种聚合物在不同拉伸速度下的应力-应变曲线。

均匀的样品重复性可优于±5％。但由于各组样品和实验操作中存在的一些不可避免的可变因素，使重复性比此数值要差些。

三、实验仪器与试样

1. 实验仪器

万能试验机［美特斯工业系统（中国）有限公司］、游标卡尺、直尺。

2. 实验试样

实验试样为 GB/T 1040.2—2022 规定的哑铃状标准样条的一种；材质有聚丙烯（PP）、聚乙烯（PE）、PE/PP 共混物、聚苯乙烯（PS）、丁苯橡胶等。

标准规定的拉伸试样共有三种类型、六种尺寸：1A 型和 1B 型试样（见图 20-5），1BA 型和 1BB 型试样（见图 20-6），5A 型和 5B 型试样（见图 20-7）。

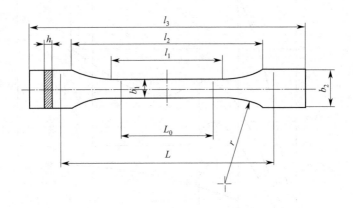

图 20-5　1A 型和 1B 型试样

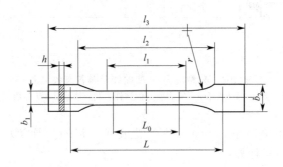

图 20-6　1BA 型和 1BB 型试样

不同类型的试样有不同的尺寸，具体见表 20-1～表 20-3。

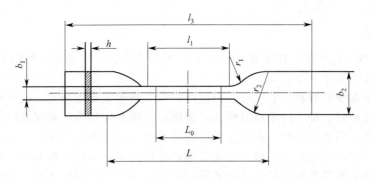

图 20-7　5A 型和 5B 型试样

表 20-1　1A 型和 1B 型试样的尺寸　　　　　　　　　　　　　　　　单位：mm

	试样类型	1A	1B
l_3	总长度	170	≥150
l_1	窄平行部分的长度	80.0±2	60.0±0.5
r	半径	24±1	60±0.5
l_2	宽平行部分的距离	109.3±3.2	108.0±1.6
b_2	端部宽度	20.0±0.2	
b_1	窄部分宽度	10.0±0.2	
h	优选厚度	4.0±0.2	
L_0	标距（优选）	75.0±0.5	50.0±0.5
	标距（质量控制或规范时）	50.0±0.5	
L	夹具间的初始距离	115±1	115±1

表 20-2　1BA 型和 1BB 型试样的尺寸　　　　　　　　　　　　　　　单位：mm

	试样类型	1BA	1BB
l_3	总长度	≥75	≥30
l_1	窄平行部分的长度	30.0±0.5	12.0±0.5
r	半径	≥30	≥12
l_2	宽平行部分的距离	58±2	23±2
b_2	端部宽度	10.0±0.5	4.0±0.2
b_1	窄部分宽度	5.0±0.5	2.0±0.2
h	厚度	≥2	≥2
L_0	标距	25.0±0.5	10.0±0.2
L	夹具间的初始距离	$l_2{}^{+2}_{\ 0}$	$l_2{}^{+1}_{\ 0}$

表 20-3　5A 型和 5B 型试样的尺寸　　　　　　　　　　　　　　　　单位：mm

	试样类型	5A	5B
l_3	总长度	≥75	≥35
b_2	端部宽度	12.5±1	6±0.5
l_1	窄平行部分的长度	25±1	12±0.5
b_1	窄部分宽度	4±0.1	2±0.1
r_1	小半径	8±0.5	3±0.1
r_2	大半径	12.5±1	3±0.1
L	夹具间的初始距离	50±2	20±2
L_0	标距	20±0.5	10±0.2
h	厚度	2±0.2	1±0.1

四、实验步骤

① 试样准备。用注塑、模压或片材、板材切割的方法，事先制好标准样品。选定的每种拉伸速度都应有至少 5 个样品。

聚合物属于黏弹性材料，它的应力松弛过程与变形速率密切相关，应力松弛过程需要一段时间。低速拉伸时，分子链来得及位移、重排，呈现韧性行为，表现为拉伸强度减少，而断裂伸长率增大。高速拉伸时，高分子链段的运动跟不上外力作用速度，呈现脆性行为，表现为拉伸强度增加，断裂伸长率减少。由于塑料品种繁多，不同品种的塑料对拉伸速度的敏感程度不同。硬而脆的塑料对拉伸比较敏感，一般采用较低的拉伸速度。韧性塑料对拉伸速度的敏感性较小，一般采用较高的拉伸速度。

② 试样测量及编号。用游标卡尺测量试样工作部分的宽度和厚度，精确至 0.02mm。每个试样测量三点，取算术平均值。

③ 拉伸速度的选择：

A：10mm/min±5mm/min；

B：50mm/min±5mm/min；

C：100mm/min±10mm/min 或 250mm/min±50mm/min。

以 100mm/min±10mm/min 的拉伸速度实验，当相对伸长率小于等于 100 时，用 100mm/min±10mm/min；相对伸长率大于 100 时，用 250mm/min±50mm/min。

a. 热固性塑料、硬质热塑性塑料：用 A 速度。

b. 伸长率较大的硬质热塑性塑料和半硬质热塑性塑料 [如聚酰胺（尼龙）、聚乙烯、聚丙烯、聚四氟乙烯等]：用 B 速度。

c. 软板、片、薄膜：用 C 速度。

d. 测定模量时，拉伸速度设置为 1～2mm/min，测变形准确至 0.01mm。

④ 依次打开万能试验机主机电源、计算机电源，预热约 1h 后，打开测试软件。

⑤ 测试软件在"实验模板"菜单下，选择合适的测试方法作为模板。

⑥ 将试样上端固定于上夹具，保证其垂直于水平线并位于夹具居中的位置。在软件界面将拉伸应力值清零。

⑦ 移动上夹具并将样品下端固定于下夹具，然后将大变形夹具分别夹持于样品两条标线上。在软件界面将位移值、大变形上夹具位移值和小变形位移值清零。

⑧ 输入试样参数：样品厚度、宽度，样品标定线间距、夹具初始间距以及拉伸速度等。

⑨ 确认无误后，单击"运行"开始实验。横梁以恒定的速度移动；同时，数据采集系统开始工作，自动记录载荷-位移曲线、应力-应变曲线。仔细观察试样在拉伸过程中的变化，直到样品断裂为止。

⑩ 一个试样测完后，将 X、Y 轴所示物理意义及单位转换为所需要的值，其中 Y 轴选择"应力"，单位为 MPa。X 轴需根据实际情况而定：如果试样的应力-应变曲线为图 20-4 中的曲线 a 或曲线 d 类型，则 X 轴选择"应变"；如果试样的应力-应变曲线为图 20-4 中的曲线 b 或曲线 c 类型，则 X 轴选择"应变"。

⑪ 右键单击"将值复制到剪切板"，并粘贴于 txt 文档中，及时导出需要的数据。

⑫ 重复⑥～⑪ 操作，测试其余的试样。

五、数据记录与处理

由上述拉伸速度为 A、B 或 C 所测得的应力-应变曲线，导出 txt 数据，绘制各组样品的拉伸应力-应变曲线。

根据曲线，读取或计算各样品的拉伸（屈服）强度、断裂强度、断裂伸长率等；拉伸弹性模量需采用低速拉伸所得应力-应变曲线计算得到。将拉伸实验数据填入表 20-4 中。

表 20-4　拉伸实验数据记录表

样条类型：　　　　　实验温度：　　　　　拉伸速度：

试样编号	宽度/mm	厚度/mm	拉伸(屈服)强度/MPa	断裂强度/MPa	断裂拉伸应变/%	弹性模量/MPa
1						
2						
3						
4						
5						
平均值						

六、注意事项

1. 夹持样品时，应保证试样垂直于水平线并位于夹具居中的位置。

2. 样条夹持好后，开始拉伸之前，应保证拉伸应力值不大于 10N，否则应重新装夹试样。

七、思考题

1. 改变拉伸速度对实验结果会产生什么样的影响？

2. 请解释为什么要重复 5 块试样？

3. 结晶聚合物与非晶态聚合物的应力-应变曲线有何不同？

实验 21　聚合物冲击性能测试

一、实验目的

1. 了解聚合物冲击强度的意义及其对材料使用性能的重要性。

2. 熟悉聚合物冲击性能的测试原理，学会使用摆锤式冲击实验机测试样品的冲击强度。

3. 掌握实验结果处理方法，了解测试条件对测定结果的影响。

二、实验原理

冲击强度是衡量材料韧性的一种强度指标，以表征材料抵抗冲击载荷破坏的能力。在工程应用上，冲击强度是一项重要的性能指标。通过抗冲击实验，可以评价聚合物在高速冲击状态下抵抗冲击的能力，从而判断聚合物的脆性和韧性程度。

1. 冲击强度的定义及其测试方法

冲击性能实验是在冲击负荷的作用下测定材料抵抗冲击的能力。在实验中，对聚合物试样施加一次冲击负荷使试样破坏，记录试样破坏时或过程中试样单位截面积所吸收的能量，即得到冲击强度 [式(21-1)]。

$$\alpha_k = \frac{A}{bh} \tag{21-1}$$

式中，α_k 为冲击强度；A 为冲断试样所消耗的功；b 为试样宽度；h 为试样厚度。

由于聚合物的制备方法和本身结构的不同，它们的冲击强度也各不相同。

冲击强度的测试方法很多。根据实验环境温度的不同，冲击实验可分为常温冲击、低温冲击和高温冲击三种；依据试样的受力状态，可分为摆锤冲击、高速拉伸冲击、落球法冲击、扭转冲击和剪切冲击；依据采用的能量和冲击次数，可分为大能量的一次冲击和小能量的多次冲击实验（简称多次冲击实验）。不同材料或不同用途可选择不同的冲击实验方法。由于各种实验方法中试样受力形式和冲击物的几何形状不一样，不同方法所测得的冲击强度结果不能相互比较。

本实验采用上述方法中最常用的摆锤冲击实验法。摆锤冲击实验是将标准试样放在冲击机规定的位置上，用摆锤自由落下冲击试样，测量摆锤冲断试样所消耗的功，即摆锤冲击前初始能量与冲击后摆锤的剩余能量之差，以确定试样在破坏时所吸收的冲击能量；再根据式（21-1）计算试样的冲击强度。

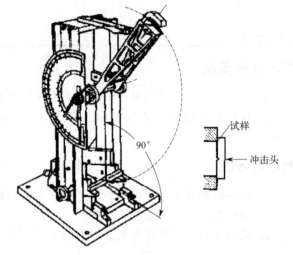

根据测试时试样的放置方式，摆锤式冲击实验又分为简支梁式的 Chapy 冲击实验和悬臂梁式的 Izod 冲击实验。Chapy 冲击实验是将试样两端搁置在水平的支承架上，用已知能的摆锤一次性冲击试样的中部，冲击线应位于两支座（试样）的正中间，被测试样若为缺口试样，则冲击线应正对缺口。简支梁冲击实验机及实验时样品的放置方式如图 21-1 所示；Izod 冲击实验是将试样一端固定，用已知能量的摆锤冲击试样的另一自由端，悬臂梁式冲击实验时样品的放置方式如图 21-2 所示。

图 21-1 简支梁冲击实验机及实验时样品的放置方式

冲击强度值对试样表面的缺陷非常敏感。为减少测试值的分散性，规定标准试样带 V 形缺口，缺口尖端的曲率半径为 0.25mm。但也可以用无缺口试样或锐缺口试样研究材料韧性对缺口的敏感性。冲击强度并非材料性能的基本参数，而是一定几何形状的试样在特定条件下韧性的指标。

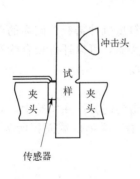

图 21-2 悬臂梁式冲击实验时样品的放置方式

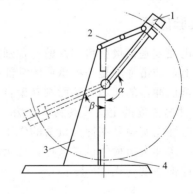

图 21-3 摆锤式冲击实验机的工作原理
1—摆锤；2—扬臂；3—机架；4—试样

2. 摆锤式冲击实验机工作原理

摆锤式冲击（简支梁冲击和悬臂梁冲击）实验机的工作原理如图 21-3 所示。

实验时摆锤挂在机架的扬臂上，摆锤杆的中心线与通过摆锤杆轴中心的铅垂线呈一角度为 α 的扬角，此时摆锤具有一定的位能；测试时让摆锤自由落下，在它摆到最低点的瞬间，其位能转变为动能。随着试样断裂成两部分，消耗了摆锤的冲击能并使其大大减速；摆锤的剩余能量使其继续升高至一定高度，β 为其升角。则摆锤的初始功 A_0 可表示为：

$$A_0 = WL(1-\cos\alpha) \tag{21-2}$$

式中，W 为摆锤的质量；L 为摆锤杆的长度；α 为摆锤冲击前的扬角。

若考虑冲断试样时克服的空气阻力和试样断裂而飞出时所消耗的功，根据能量守恒定律，可用式(21-3) 表示：

$$A_0 = WL(1+\cos\beta) + A + A_\alpha + A_\beta + mv^2/2 \tag{21-3}$$

式中，β 为冲击试样后摆锤的升角；A 为冲段试样所消耗的功；A_α 为摆锤在 α 角内克服空气阻力所消耗的功；A_β 为摆锤在 β 角内克服空气阻力所消耗的功；$mv^2/2$ 为试样断裂时飞出部分所具有的能量。

通常式(21-3) 的后三项可以忽略不计，因此可简单地把试样断裂时所消耗的功表示为：

$$A_0 = WL(\cos\beta - \cos\alpha) \tag{21-4}$$

式中，除 β 角外均为已知数。因此，根据摆锤冲断试样后的升角的数值即可从读数盘直接读取冲断试样时所消耗功的数值。

3. 冲击实验中的影响因素

通常冲击性能实验对聚合物的缺陷很敏感，而且影响因素也很多。聚合物的冲击强度常受到实验温度、环境湿度、冲击速度、试样几何尺寸、缺口半径以及缺口加工方法、试样夹持力等影响，因此冲击性能测试是一种操作简单而影响因素较复杂的实验，在实验过程中不可忽视上述各有关因素的影响。一般应在实验方法规定的条件下进行冲击性能的测定。

三、实验仪器与试样

1. 实验仪器
数显式简支梁冲击实验机（XJJ-5D）、缺口制样机、游标卡尺。

2. 实验试样
试样材料可选 PP、PE、PS、硬质 PVC 等；简支梁冲击试样类型及尺寸和缺口类型与尺寸参照 GB/T 1043.1—2008 和 GB/T 1043.2—2018 执行。

本次实验采用注射成型的标准样条作为无缺口试样（样条尺寸：80mm × 10mm × 4mm）。在样条厚度方向上，采用缺口制样机，用机械加工方法铣出 V 形缺口作为有缺口冲击试样。每组试样不少于 5 个，且试样要求表面平整，无气泡、裂纹、分层等缺陷。

四、实验步骤

1. 实验前准备
① 熟悉冲击实验机，检查机座是否水平。

② 试样编号及测量。对无缺口试样，分别测量试样中部边缘和试样端部中心位置的宽度和厚度，并取其平均值作为试样的宽度和厚度，读数应精确至 0.02mm；缺口试样应测量缺口处的剩余宽度。

③ 检查冲击实验机是否有规定的冲击速度，并根据试样破坏时所需的能量选择实验机摆锤，使消耗能量为摆锤总能量 10%～85%。当符合这一能量范围的不止一个摆锤时，应

该采用最大能量的摆锤。本实验所用 XJJ-5D 型数显式简支梁冲击实验机的摆锤能量有 1J、2J、4J 和 5J 可选，冲击速度为 2.9m/s，摆锤预扬角为 160°。

④ 根据试样尺寸，进行实验机跨度的调节。跨度数值根据试样类型和长度进行选择，参照 GB 1043.1—2008 和 GB/T 1043.2—2018 执行，详见表 21-1。

表 21-1 试样类型、尺寸及跨度值设置标准 单位：mm

试样类型	长度 L	宽度 b	厚度 d	跨度
1	80±2	10±0.5	4±0.2	60
2	50±1	6±0.2	4±0.2	40
3	120±2	15±0.5	10±0.5	70
4	125±2	13±0.5	13±0.5	95

2. 实验操作

（1）开机

打开电源开关，液晶屏显示欢迎界面（图 21-4），随后自动进入主界面（图 21-5）。

```
————————————
————————
        XJJ-5D
   数显式简支梁冲击实验机
————————————————
```

图 21-4 欢迎界面

```
序  号：00          实时角：000.00°
吸收能量：00.00J     预扬角：160°
冲击强度：000.00     冲击角：000.00°
空击损失：0.000J（000.00）
```

图 21-5 主界面

（2）参数设置

① 按下"参数"键后，液晶显示界面进入参数设置界面（图 21-6）。

② 按下"↑，↓，←，→"键，控制阴影块移动，选中要设置的参数。

③ 按"确定"键，阴影块出现在所选参数的数值上面。

④ 按"←，→"键，控制阴影块，确定参数要改变的数值位。

⑤ 按"↑，↓"键，加减阴影块所选数值位的数值大小。

```
编号：0000 号      数量：00 个
宽度：00.00mm      厚度：00.00mm
摆锤：2.00 J       速度：2.9m/s
时间：×年×月×日×时×分×秒
```

图 21-6 参数设置界面

⑥ 按"确定"键，保存设定值，阴影出现在要设置的参数上面。

⑦ 按"退出"键，不改变数值，阴影出现在要设置的参数上面。

⑧ 重复①～⑥的操作，设置其他参数，最后按"退出"键退出参数界面，返回到主界面。

（3）清零

在冲击摆锤处于铅垂位置并不晃动时，按"清零"键，使主界面实时角值为 000.00°。

（4）确定扬角

托起冲击摆锤，使脱摆轴勾住摆锤的调整套，摆锤即扬起了一定角度。然后按"扬角"功能键用来确定扬角。

（5）确定空击角

按"空击"键，锤体顺时针向左摆动一定角度后，在重力作用下向右摆动。摆动一定角度后，锤体在自重作用下要顺时针向左再摆动，在这瞬间用右手拖住摆锤，然后扬起摆锤进行整组试样空击角确认。在实验显示页中空击角处显示出空击角数值。

（6）安放试样

将试样按规定放置在两块撑块上，将面紧贴在直角支座的垂直面上，使冲击刀刃对准试样中心，缺口试样刀刃对准缺口背向的中心位置，如图 21-1 所示。

（7）冲击试样

① 放好试样，按"冲击"键，锤体对第一个试样进行冲击。冲断试样后，锤体逆时针向右摆动。摆动一定角度后，锤体在自重作用下要顺时针向左摆动，在这个瞬间用右手拖住摆锤，然后扬起摆锤，使脱摆轴勾住摆锤的调整套，第一个试样冲击完毕。

② 重复操作①步骤，分别对第三个、第四个、第五个等试样进行冲击。每一个试样冲击完后，在实验显示页中都会显示出冲击角、吸收能量、冲击强度。

③ 实验过程中由于冲击振动等因素，实时角在冲击摆锤处于铅垂位置不为零时，可按"清零"键清零。

（8）查询实验结果

所有试样冲击完毕后，按"查询"键，进入实验结果界面（图 21-7）。在实验结果页中 a1、a2、a3……分别显示出第一次、第二次、第三次……试样的冲击强度；实验结果页中的平均：则显示这组试样冲击强度的平均值，也就是此种试样的冲击强度。若退出查询界面，按"退出"键。

```
a1：000.00      a2：000.00      a3：000.00
a4：000.00      a5：000.00      a6：000.00
a7：000.00      a8：000.00      a9：000.00
a10：000.00     平均：000.0     单位：kJ/m²
```

图 21-7　实验结果界面

注意：在查询界面如果发现有不正确的实验结果，按"↑，↓，←，→"键，控制阴影块移动，选中不正确的实验数据，按"清零"键即可清除。若退出界面，按"退出"键退出。

如果需要做多组试样冲击实验，确定已记录或打印实验数据后，可按"复位"键，显示复位界面（图 21-8）。按"↑，↓"键，控制阴影块移动；选中数据选项，按"确定"键即可清除上一组实验数据。

```
————上下键选择复位项————
数据：将冲击实验数据清零！
参数：将设定参数恢复出厂值！
——确定键确定，退出键取消！——
```

图 21-8　复位界面

（9）实验结束

关闭电源，拔下电源插头。

五、数据记录与处理

根据各样品尺寸及吸收能量值，计算其冲击强度，见表 21-2。

表 21-2　冲击实验原始数据记录表

实验温度：　　　　　　　　　　　　摆锤能量：

项目	宽度/mm	厚度/mm	吸收能量/J	现象[①]	冲击强度/(kJ/m^2)
样品 1					
样品 2					
样品 3					
样品 4					
样品 5					
冲击强度平均值					

① 试样可能会有以下四种破坏类型。

C 完全破坏：试样断裂成两片或多片。

H 铰链破坏：试样未完全断裂成两部分，外部仅靠一薄层以铰链的形式连在一起。

P 部分破坏：不符合铰链断裂定义的不完全断裂。

N 不破坏：试样未断裂，仅弯曲并穿过支座，可能兼有应力发白。

注意：试样无破坏的不取冲击值。对同种材料。如果可以观察到一种以上的破坏类型，须在报告中标明每种破坏类型的平均冲击值和试样破坏的百分数。

六、注意事项

1. 实验时应注意安全。摆锤举起后，不得将手伸至摆锤摆动范围内。冲击实验时注意避免样条碎块飞溅伤人。

2. 每次实验前应检查样条位置，应保证冲击线位于两支座（试样）的正中间。被测试样若为缺口试样，应保证冲击线正对缺口。

七、思考题

1. 聚合物的冲击强度测试值与实验时的哪些操作条件有关?

2. 实验中为什么要多次测试平均值?

实验 22　聚合物压缩性能测定

一、实验目的

1. 熟悉聚合物压缩强度的测试方法。

2. 了解聚合物压缩性能的测试原理。

3. 学会使用万能试验机测试样品的压缩强度。

二、实验原理

压缩实验是在规定的条件下对试样施加静态压缩负荷，从而测定聚合物力学性能的一种方法。与拉伸实验相类似，利用压缩实验可以获得聚合物的压缩应力-应变曲线，并根据曲线读取各压缩性能参数，从而判断聚合物抵抗压缩变形或压缩破坏的能力。

压缩实验是在规定的温度、湿度和加速度下对标准试样施加均匀、连续的轴向静压缩载荷，直至破坏或达到最大载荷时，求得压缩性能参数的一种实验方法。

在压缩实验中所记录的典型压缩应力-应变曲线示意如图 22-1 所示。

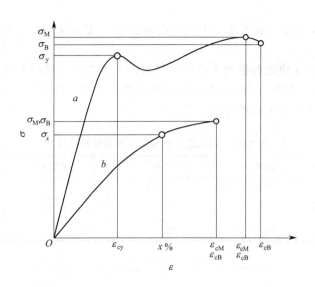

图 22-1　典型的压缩应力-应变曲线示意

根据压缩应力-应变曲线，可以得知聚合物的压缩性能参数，如压缩强度、破坏时的压缩应力、$x\%$ 应变时的应力、压缩弹性模量等。其定义分别解释如下。

（1）压缩强度

在压缩实验中，试样所承受的最大压缩应力（用 σ_M 表示），MPa。计算公式见式(22-1)。

$$\sigma_M = F_M/A \tag{22-1}$$

式中，F_M 为最大载荷，N；A 为试样的原始横截面积，cm^2。

（2）破坏时的压缩应力

在试样破裂时的压缩应力（用 σ_B 表示），MPa。计算公式见式(22-2)。

$$\sigma_B = F_B/A \tag{22-2}$$

式中，F_B 为试样破裂时的载荷，N；A 为试样的原始横截面积，cm^2。

（3）$x\%$ 应变时的应力

一般用于应力-应变曲线无屈服点的情况。其定义是在应变为 $x\%$ 时的压缩应力（用 σ_x 表示），MPa。计算公式见式(22-3)。

$$\sigma_x = F_x/A \tag{22-3}$$

式中，F_x 为应变为 $x\%$ 时的载荷，N；A 为试样的原始横截面积，cm^2。

（4）压缩弹性模量

在比例极限范围内应力差和对应的应变差之比（用 E_c 表示），MPa。计算公式见式(22-4)：

$$E_c = \frac{\sigma_2 - \sigma_1}{\varepsilon_2 - \varepsilon_1} \tag{22-4}$$

式中，σ_1 为应变值 $\varepsilon_1 = 0.05\%$ 时的应力值，MPa；σ_2 为应变值 $\varepsilon_2 = 0.25\%$ 时的应力值，MPa。

三、实验仪器与试样

1. 实验仪器

万能试验机［美特斯工业系统（中国）有限公司］、游标卡尺、直尺。

2. 实验试样

GB/T 1041—2008 规定的机加工棱柱形样条，见表 22-1；材质有聚乙烯（PE）、PE/纤维复合材料、聚丙烯（PP）、PP/纤维复合材料、聚苯乙烯（PS）等。试样表面应光滑，机加工端部应平整光滑，边缘锐利清晰。

表 22-1　标准规定的机加工棱柱形样条尺寸　　　　　　单位：mm

类型	测量	长度 l	宽度 b	厚度 h
A	模量	50±2	10±0.2	4±0.2
B	强度	10±0.2	—	—

四、实验步骤

① 试样准备。用注塑、模压或片材、板材切割的方法，事先制好标准样品。选定的每种实验条件均应有至少 5 个样品。

② 试样测量及编号。用游标卡尺测量试样的长度、宽度和厚度，精确至 0.01mm。每个试样测量三点，取算术平均值。

③ 依次打开万能试验机主机电源、计算机电源，预热约 1h 后，打开测试软件。

④ 在测试软件中实验模板菜单下，选择合适的测试方法作为实验模板。

⑤ 将样品安放在材料试验机上，使其中心线与材料试验机上、下压板的中心对准。

⑥ 设置压缩速度：测定压缩强度时为 5mm/min，测定压缩弹性模量时为 2mm/min。

⑦ 键入试样参数，如样品长度、厚度、宽度等。

⑧ 设置实验条件进行测试。测定压缩强度时，对试样施加连续均匀载荷直至破坏或达到最大载荷。有明显内部缺陷或端部挤压破坏者应予作废。

测定压缩弹性模量时，在试样高度中间位置测量变形，施加约 5% 破坏载荷的初载，检查并调整试样及变形测量系统，使其处于正常工作状态以及使试样两侧压缩变形比较一致。然后以一定的间隔加载荷，记录相应变形值，至少分五级加载。施加载荷不宜超过破坏载荷的 50%，至少重复测试三次，取其二次稳定的变形增量。

⑨ 设置完成后，单击运行键开始实验。

⑩ 一个试样测完后，将 X、Y 轴所示物理意义及单位转换为所需要的数据，右键单击"将值复制到剪切板"，并粘贴于 txt 文档中，及时导出需要的数据。

⑪ 重复⑤～⑩操作，测试其余的试样。

五、数据记录与处理

1. 根据所测曲线及导出的数据，绘制各组样品的压缩应力-应变曲线。

2. 根据压缩应力-应变曲线读取或计算各样品的压缩强度、破坏时的应力和压缩弹性模量等。

3. 将实验数据填入表 22-2。

表 22-2　压缩实验数据记录表

实验温度：　　　　　湿度：　　　　　压缩速度：

试样编号	长度 l /mm	宽度 b /mm	厚度 h /mm	最大载荷 /N	σ_1 (ε_1＝0.05％) /MPa	σ_2 (ε＝0.25％) /MPa	压缩强度 /MPa	压缩模量 /MPa

六、注意事项

1. 试样端面各点的高度差不大于 0.1mm。原因：当试样两端不平行时，实验过程中将不能使试样沿轴线方向均匀受压，形成局部应力过大，从而使试样过早产生裂纹和破坏，压缩强度必将下降。

2. 实验时应注意安全，切勿将手放在两压板之间，遇到紧急情况时应迅速按下紧急停车按钮。

七、思考题

1. 与纯聚合物材料相比，加入纤维复合材料后压缩强度有何变化？为什么？

2. 如何排列 PP、PE 与 PS 的压缩强度值的顺序？请从聚合物结构与性能关系的角度进行解释。

实验 23　聚合物弯曲性能测试

一、实验目的

1. 熟悉万能试验机测试弯曲强度的工作原理。
2. 掌握实验条件的合理选用及材料弯曲性能的测试方法。
3. 掌握实验结果的分析方法。
4. 了解影响弯曲强度的因素。

二、实验原理

材料在使用过程中常常发生弯曲变形。为了延长材料的使用寿命，人们希望能找到或设计一种在受力后不被破坏同时变形量也较小的材料，即通常所说的高强度、高模量的材料。聚合物的弯曲实验就是用来检验聚合物在经受弯曲负荷作用时的性能，以掌握某材料在弯曲应力作用下所能承受的最大弯曲应力和变形。

生产中常用弯曲实验来评价材料的弯曲强度和塑性变形的大小，是质量控制和应用设计的重要参考指标。因此，弯曲性能是力学性能的一项重要指标。

1. 实验方法

三点式弯曲实验中试样的摆放，见图 23-1。实验时将一规定形状和尺寸的试样置于两支座上，并在两支座中点施加一集中负荷，使试样产生弯曲应力和变形。此方法是使试样在最大弯矩处及其附近被破坏，这种加载法的缺点是弯矩分布不均匀。三点式弯曲实验中弯矩

$[M(x)]$ 和剪切力（P）的定性分布如图 23-2 所示，某些部位的缺陷不易显示出来，且存在剪切应力的影响。但由于该加载方法简单，目前实验室中最常用的还是这种方法。因此，塑料弯曲性能实验方法中也规定了对试样施加静态三点式弯曲负荷。另一种实验方法为四点式加载法，试样摆放如图 23-3 所示。四点式弯曲实验能消除剪切应力的作用，所测结果是纯弯曲应力。四点式弯曲实验中弯矩 $[M(x)]$ 和剪切力（P）的定性分布见图 23-4。

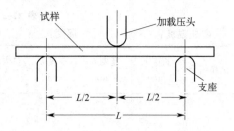

图 23-1　三点式弯曲实验
试样摆放（简支梁）

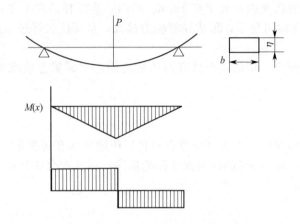

图 23-2　三点式弯曲实验弯矩 $[M(x)]$ 和剪切力（P）的定性分布

2. 弯曲应力-应变曲线

一次弯曲实验所获得的典型弯曲应力-应变曲线如图 23-5 所示。

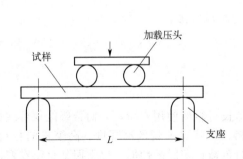

图 23-3　四点式弯曲实验试样摆放（简支梁）

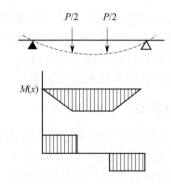

图 23-4　四点式弯曲实验弯矩 $[M(x)]$ 和
剪切力（P）的定性分布

各实验参数定义如下。

① 挠度 s。在弯曲实验过程中，试样跨度中心的顶面或底面偏离原始位置的距离。

② 弯曲应力 σ_f。试样在弯曲过程中的任意时刻，中部截面上试样的最大正应力［式（23-1）］。

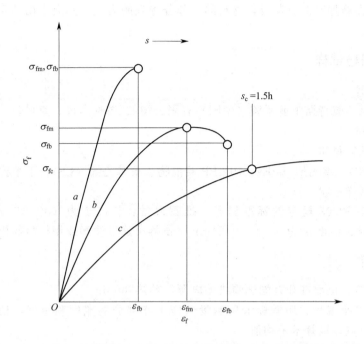

图 23-5 典型弯曲应力-应变曲线

曲线 *a*—试样在屈服前断裂；曲线 *b*—试样在规定挠度 s_c 前显示最大值后断裂；

曲线 *c*—试样在固定挠度 s_c 前既不屈服也不断裂

$$\sigma_f = \frac{3PL}{2bh^2} \tag{23-1}$$

式中，P 为试样破坏载荷，或达到规定挠度时的载荷；L 为试样跨距；b 为试样宽度；h 为试样厚度。

③ 弯曲强度 σ_{fm}。试样达到规定挠度值（或破坏）时或之前，负荷达到最大值时的弯曲应力。

④ 弯曲应变 ε_f。试样跨度中心外表面上单元长度的微量变化，一般用无量纲的比值或百分数表示 [式(23-2)]。

$$\varepsilon_f = \frac{6sh}{L^2} \tag{23-2}$$

⑤ 弯曲模量 E_f。对于给定的弯曲应变 $\varepsilon_{f_1} = 0.05\%$ 和 $\varepsilon_{f_2} = 0.25\%$，首先由式(23-3) 计算单个挠度 s_i。

$$s_i = \frac{\varepsilon_{f_i} L^2}{6h} (i=1,2) \tag{23-3}$$

再由式(23-4) 计算弯曲模量 E_f。

$$E_f = \frac{\sigma_{f_2} - \sigma_{f_1}}{\varepsilon_{f_2} - \varepsilon_{f_1}} \tag{23-4}$$

式中，σ_{f_1} 和 σ_{f_2} 分别对应挠度 s_1 和 s_2 时的应力。

⑥ 定挠度弯曲应力 σ_{fc}。挠度等于试样厚度 1.5 倍时的弯曲应力。

⑦ 弯曲屈服强度。在应力-应变曲线上，应力不增加而应力骤增点的应力。

⑧ 弯矩。在施加弯曲负荷时，材料的各部分受到的力矩，其大小由荷重 P 与力的作用距 L 的乘积表示。

三、实验仪器与试样

1. 实验仪器

万能试验机［美特斯工业系统（中国）有限公司］、游标卡尺、直尺。

2. 实验试样

（1）实验试样材质

聚丙烯（PP）、聚乙烯（PE）、PE/PP 共混物、聚苯乙烯（PS）、丁苯橡胶等。

（2）实验试样形状

GB/T 9341—2008 规定的标准样条，推荐尺寸：长度 l 为（80±2）mm；宽度 b 为（10.0±0.2）mm；厚度 h 为（4.0±0.2）mm。试样可通过注塑或用板材经机械加工而制得。

四、实验步骤

① 开机预热。提前打开万能试验机的电源，预热 30min。

② 试样测量及编号。用游标卡尺测量试样工作部分的宽度和厚度，精确至 0.02mm。每个试样测量三点，取算术平均值。

③ 装夹试样。将试样夹放在夹具的两个支撑块上（必须使试样与两个支撑块保持垂直状态）。

④ 在软件操作界面将力值清零。

⑤ 通过软件控制移动横梁位置，将上端夹具调整至刚好与试样上表面接触，控制器负荷显示约为 1N。

⑥ 变形清零。在软件操作界面将变形清零。

⑦ 输入试样参数如试样名称、编号、样品尺寸，以及实验条件如横梁移动速度，还有实验完成后横梁返回速度等。

实验条件的选择如下。

根据图 23-1 中所示的三点式弯曲实验试样摆放装置图，加载上压头圆柱面半径 R 为（5±0.1）mm，支座圆角半径 r 为（2±2）mm（当试样厚度 h 大于 3mm 时）和（0.5±0.2）mm（当试样厚度 h 小于 3mm 时）。若试样出现明显支座压痕，应改为 2mm。

加载速度：仲裁实验时（跨厚比 $L/h=16±1$ 时），加载速度 $v=h/2$mm/min；常规实验时，$v=10$mm/min。测定弯曲弹性模量及弯曲载荷-挠度曲线时，$v=2$mm/min。

规定挠度：取试样厚度的 1.5 倍。

跨厚比：一般取 16±1；对很厚的试样，为避免层间剪切破坏，可取大于 16，如 32 或 40 等；对很薄的试样，为使其载荷落在实验机许可的量程范围内，可取小于 16，如 10。

⑧ 单击运行键开始测试。

⑨ 一个样品测完毕后，换上其他样品，重复⑤～⑧，测试其余的试样样条。

⑩ 在曲线界面单击鼠标右键将值复制到剪切板，将数据导出为 txt 格式文件，并保存。

⑪关机。实验结束后，依次关闭测试软件、仪器主机电源、计算机。

五、数据记录与处理

1. 利用导出的数据文件，绘制出各组样品的弯曲载荷-挠度曲线，并计算弯曲强度、弯曲模量等，填入表 23-1。

表 23-1　弯曲实验数据记录表

试样名称及编号	宽度/mm	厚度/mm	弯曲强度/MPa	弯曲模量/MPa
平均值				

2. 根据实验结果，对几种不同材料的弯曲性能进行对比评价。

六、注意事项

1. 开机后应先预热至少 10min，待系统稳定后方可开始实验。
2. 开始实验前应先调整好限位挡块，以免误操作损坏传感器。

七、思考题

1. 结合实验结果，从分子结构与性能关系的角度，分析不同材料弯曲性能差异的原因。
2. 分析影响弯曲性能测试的实验条件有哪些，分别有何种影响？

实验 24　聚合物撕裂强度的测定

一、实验目的

1. 了解撕裂试样种类，掌握撕裂试样的制备方法。
2. 了解影响撕裂强度测试结果的因素。
3. 掌握有割口直角形撕裂试样的制备方法。
4. 掌握对撕裂强度实验结果的分析。

二、实验原理

撕裂强度测试是测定薄膜、薄片等材料耐撕裂性的一种检测方法。该方法是将切有规定裂口的试样在专门的实验机上进行的一种撕裂实验。对于一般薄膜、薄片材料而言，由于受到加工过程中熔体流动的影响，往往纵向和横向的性能不同，材料性能存在各向异性，所以要分别制样测定。

用万能试验机，对有割口或无割口试样在规定的速度下连续拉伸，直至试样撕断。将测定的撕裂力值按规定的计算方法求出撕裂强度。实验中可选用不同类型的试样进行测试。不同类型的试样之间测试的结果不能进行比较。

1. 试样种类及形状

按试样形状分类，撕裂实验的试样主要有以下几种。

（1）直角形

直角形试样（可为有割口或无割口）形状和尺寸如图 24-1 所示，单位为 mm。

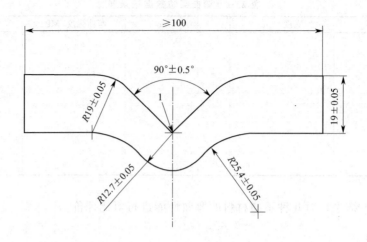

图 24-1　直角形试样形状和尺寸

1—有割口试样的割口位置

（2）圆弧形

此类试样又称为新月形或腰形。其形状和尺寸如图 24-2 所示，单位为 mm。

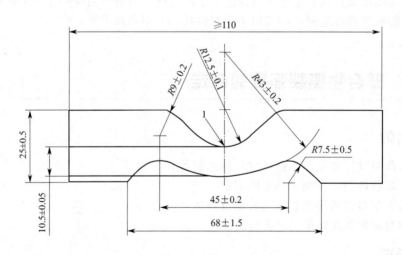

图 24-2　圆弧形试样形状和尺寸

1—割口位置

（3）裤形

该试样的形状和尺寸如图 24-3 所示，单位为 mm。它是一种带有割口的试样。该试样在实验机上的位置如图 24-4 所示。

裤形试样的特点是其撕裂强度对割口长度不敏感。因此，测试结果重复性好。此外，它还便于进行撕裂能的计算，为撕裂能的理论分析提供较理想的方法。

（4）德尔夫特（Delft）形

该试样形状和尺寸如图 24-5 所示，单位为 mm。在此种试样内，切有一个狭长的切口，是一种比较容易从成品上裁取的小尺寸试样。

2. 撕裂强度的定义

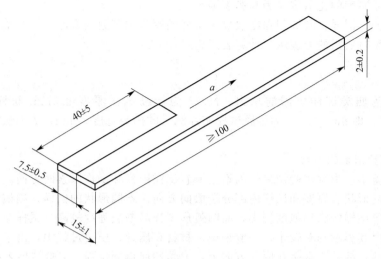

图 24-3　裤形试样形状和尺寸
a—切口方向

对直角形、圆弧形和裤形试样，撕裂强度定义为试样撕裂时所需的力与其厚度的比值，按式（24-1）计算。

$$T_s = F/d \qquad (24\text{-}1)$$

式中，T_s 为撕裂强度，kN/m；F 为试样撕裂时所需的力，N；d 为试样的厚度，mm。

以上三种类型的试样，其撕裂所需的力又有不同的表述方法，具体如下。

（1）无割口直角形撕裂强度

对无割口直角形试样，用沿试样长度方向的外力作用于规定的直角形试样上，将试样撕断所需的最大力与试样厚度的比值定义为其撕裂强度。

（2）有割口直角形或圆弧形试样撕裂强度

对有割口直角形试样或有割口圆弧形试样，用垂直于割口平面方向的外力作用于规定的直角形或圆弧形试样上，通过撕裂引起割口断裂所需的最大力与试样厚度的比值定义为其撕裂强度。

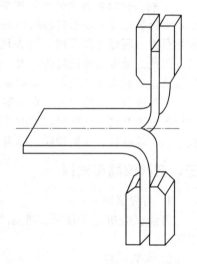

图 24-4　裤形试样在实验机上的位置

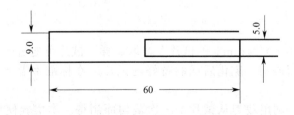

图 24-5　德尔夫特形试样形状和尺寸

（3）裤形撕裂强度

对裤形试样而言，用平行于切口平面方向的外力作用于规定的裤形试样上，将试样撕断所需的力与样品厚度的比值定义为其撕裂强度。

对德尔夫特形试样，其撕裂强度取决于试样的厚度和撕裂的宽度，实验结果以标准试样宽度和厚度撕裂时所需的力表示，计算公式为式(24-2)。

$$F_s = \frac{8F}{b_3 d} \tag{24-2}$$

式中，F 为四类试样所需的总力，N；8 为标准试样厚度 2.0mm 与标准试样宽度 4.0mm 的乘积，即 $8mm^2$；b_3 为橡胶试样实际测量的撕裂宽度，mm；d 为试样的实际测量厚度，mm。

3. 影响实验结果的因素

在撕裂实验中，影响实验结果的因素主要有试样因素和操作因素两方面。其中，试样因素主要有试样的形状、厚度和试样内部分子取向方向。不同形状的试样，测试结果不同。一般来说，直角形试样的撕裂强度较小，而圆弧形试样的撕裂强度较高。试样厚度对撕裂强度有一定影响，但其影响相对较小。一般来说，材料在压延、压出过程中，由于分子的取向而表现为各向异性，结果通常是在取向方向上，力学性能得到增强。实验结果表明：横向的撕裂强度大于纵向。（注：横向是指撕裂方向沿着与压延、压出方向垂直的方向；纵向是指撕裂方向沿着与压延、压出方向一致的方向。）

影响实验结果的测试因素主要有拉伸撕裂速度和实验温度、湿度。测试时的拉伸速度大小，即撕裂速度大小对材料的撕裂行为有一定影响。高速拉伸撕裂时，撕裂表现出类似脆性的破坏行为，而慢速撕裂时，则表现出弹性破坏。在实验方法规定的速度下，撕裂破坏属于后者。因此，随着拉伸速度的增大，撕裂强度也逐渐降低。高分子材料的撕裂性能对实验温度比较敏感。一般来说，随着实验温度的升高，撕裂强度会逐渐降低。对于结晶性橡胶，如氯丁橡胶、丁基橡胶、天然橡胶，在室温下拉伸时，会引起橡胶分子沿着拉伸方向重排，产生结晶，使拉伸强度升高。在高温拉伸时，结晶不容易产生，因此撕裂强度明显降低。对于非结晶性橡胶，如丁苯橡胶、丁腈橡胶，随着温度升高，撕裂能降低，故表现为拉伸强度降低。

三、实验仪器与试样

1. 实验仪器

万能试验机［美特斯工业系统（中国）有限公司］，直角形样品裁刀、割口器、游标卡尺。

2. 实验试样

本实验选择图 24-1 所示的有割口直角形试样。试样材质分别为丁苯橡胶、丁腈橡胶、丁基橡胶、氯丁橡胶。

四、实验步骤

1. 试样的裁取

从厚度均匀 ［(2.0±0.2)mm］ 的试片上裁取试样。试片可通过模压制备，也可通过对制品进行切割、打磨而得到。硫化后或制备好的试片应在标准室温下避光停放不少于 6h，不超过 15d。

试样通过冲压机，利用裁刀从试片上一次裁切而制得。本实验使用裁刀裁取直角形试样。用冲压机裁取试样时，可先用水或中性肥皂溶液润滑裁刀的刃口，以便于裁切。裁切时可在试样下面垫软质材料，以防止裁刀刃口与裁片机的金属底板相撞而受到损坏。裁切试样时，撕裂割口的方向应与胶料压延方向一致，即试样的长度方向应与压延、压出方向垂直。这是由于橡胶材料产生裂口后，撕裂扩展的方向常沿着与压延平行的方向进行。

2. 试样割口

按国家标准 GB/T 529—2008 的规定，直角形试样割口深度为（1.0±0.2)mm，位于试样内角顶点，见图 24-1。

采用特制的割口器进行割口，使用锋利、无卷刃和缺口的刀片作为切割工具。割口器应有固定试样的装置，以使割口限制在一定位置上，刀片固定装置不能发生横向位移，并具有导向装置，以确保刀片沿垂直试片平面方向试片。将刀片夹在垂直于试样主轴的平面内，便可在规定的位置上进行切割。

3. 试样厚度测量

测量试样厚度，精确至 0.01mm。每个试样测量三点，取算术平均值。

4. 测试

① 依次打开万能试验机主机电源、计算机电源，预热约 1h 后，打开测试软件。

② 在测试软件中实验模板菜单下，选择合适的测试方法作为实验模板。

③ 设置拉伸速度为 500mm/min。

④ 将样品两端分别夹在万能试验机的上下夹具中，充分均匀夹紧，注意样品露出上夹具的部分和露出下夹具的部分应保持对称；同时，夹持好的样品应保持垂直状态。

⑤ 分别将撕裂力值、位移值清零后，单击运行键开始实验。记录撕裂力值-位移曲线，直至试样被撕断后停机。

⑥ 记录将样品撕裂的最大力值，每组样品至少测试 5 个试样。

⑦ 分别将拉伸速度设置为 200mm/min、100mm/min，依次测试各样品在不同拉伸速度下的撕裂力值-位移曲线。

五、数据记录与处理

根据式(24-1) 计算各试样的撕裂强度，结果计入表 24-1，各样品的测试结果至少取 5 个试样的算术平均值。需要注意的是，每个试样的单个数值与平均值之差不得大于 15%，经取舍后试样个数不应低于原试样数量的 60%。

表 24-1　撕裂实验数据记录表

实验温度：　　　　　　　　　　　　　　拉伸速度：

试样编号	试样厚度/mm	最大撕裂力值 F/kN	撕裂强度/(kN/m)
平均值			

六、注意事项

1. 试样割口应一次成型，且应平整，不得有毛刺等，以免存在应力缺陷。

2. 夹持试样时，应保证样品露出上夹具的部分和露出下夹具的部分对称，且样品应保持垂直状态。

七、思考题

1. 改变实验时的拉伸速度，对所测得的撕裂力值-位移曲线会产生什么影响？

2. 实验温度对结晶聚合物、非晶态聚合物的撕裂力值-位移曲线分别有怎样的影响？

实验 25　聚合物熔体流动速率的测定

一、实验目的

1. 掌握热塑性塑料熔体流动速率的测定方法。
2. 了解不同聚合物熔体流动速率的测定条件。
3. 理解热塑性聚合物的流变性能在理论研究和生产实践中的意义。

二、实验原理

熔体流动性在一定程度上决定了聚合物的可加工性能，在聚合物成型加工中起着重要作用。实际生产中，不同加工方法对聚合物的流动性要求不同，而流动性对于加工工艺条件如温度、时间和压力的确定具有重要影响。

熔体流动速率（MFR）是在一定温度、一定压力下，热塑性塑料熔体在 10min 内通过标准口模的质量，可以表征热塑性塑料在熔融状态时的黏流特性，单位为 g/10min。

MFR 可以用来指导热塑性塑料的加工工艺。一般来说，MFR 数值较大的热塑性聚合物流动性好，加工性能较好。此外，对同一种聚合物，还可用 MFR 来分析其分子量大小。一般而言，同一种聚合物（化学结构一致），其 MFR 值愈小，分子量愈大；反之 MFR 值愈大，分子量愈小。

三、实验仪器与试样

1. 实验仪器
MFI-1221 熔体流动速率仪、电子天平。
2. 实验试样
不同牌号的 PE、PP、PS、ABS 等。

四、实验步骤

1. 实验条件
（1）熔体流动速率仪主要部件尺寸及规格
出料口直径：（2.095±0.005）mm；出料口长度：（8.000±0.025）mm；装料口直径：（9.550±0.025）mm；装料口长度：160mm；活塞杆大直径：（9.475±0.015）mm；活塞杆头长度：（6.350±0.100）mm；温度波动：±0.2℃（出料口上端 10mm 处）。

（2）负荷及砝码
实验所用仪器负荷由组合砝码构成，包括基础砝码、0.600kg 砝码 1 个、0.875kg 砝码 1 个、0.960kg 砝码 1 个、1.000kg 砝码 1 个、1.200kg 砝码 1 个、1.640kg 砝码 1 个、2.500kg 砝码 2 个、5.000kg 砝码 2 个。

（3）试料
可以是能放入装料筒中的热塑性粉末、粒料、条状薄片或模压块料。

（4）温度、负荷的选择
参考国家标准 GB/T 3682.1—2018。测试温度应高于所测聚合物的流动温度，低于热分解温度。温度和负荷应根据所测试样熔体流动速率的大小进行选择。熔体流动速率大的，可用较小的负荷或较低的温度；反之，熔体流动速率小的，可用较大的负荷或较高的温度。如聚乙烯，MFR 小于 10g/10min 时，一般取 190℃/2.160kg；MFR 在 10～80g/10min 之间时，一般取 190℃/

0.325g；MFR 大于 80g/10min 时，取 125℃/0.325kg。表 25-1 中列出了一些聚合物熔体流动速率测定的标准条件。根据所选测试条件，计算需选用的砝码，推荐砝码的组合方式参见表 25-2。

表 25-1　一些聚合物熔体流动速率测定的标准条件

温度/℃	砝码总质量/kg	压力/MPa	适于聚合物	
125	0.325	0.046		
125	2.160	300.4		
190	0.325	0.046	聚乙烯	
190	2.160	0.304		纤维素酯
190	21.600	3.004		
190	10.000	1.406	聚醋酸乙烯酯	
150	2.160	0.304		
200	5.000	0.703		ABS
230	1.200	0.169	聚苯乙烯	
230	3.800	0.534		丙烯酸树脂
190	5.000	0.703		
265	12.500	1.758	聚三氟乙烯	
230	2.160	0.304	聚丙烯	
190	2.160	0.304	聚甲醛	
190	1.050	0.148		
300	1.200	0.169	聚碳酸酯	
275	0.325	0.046		
235	1.000	0.141	聚酰胺(尼龙)	
235	2.160	0.304		
235	5.000	0.703		

表 25-2　推荐砝码组合表

负荷/kg	0.325	1.200	2.160	3.800	5.000	10.000	21.600
		0.325	0.325	0.325	0.325	0.325	0.325
		0.875	0.875	0.875	0.875	0.875	0.875
			0.960	0.960	0.960	0.960	0.960
组合砝码	活塞 砝码托盘 砝码端盖			1.640	1.640	1.640	1.640
					1.200	1.200	1.200
						5.000	1.000
							0.600
							2.5×2
							5.0×2

（5）取样（切割）间隔时间选择

取样时间的选择与熔融聚合物自毛细管出料口中流出的速度有关。速度快时，取样时间可以设置短些；速度慢时，取样时间可以设置长些。测试时应在等待稳定阶段仔细观察流出速度，在此基础上设置适合的取样间隔时间。表 25-3 列出了不同熔体流动速率试样加入量与取样时间间隔参考。

表 25-3　不同熔体流动速率试样加入量与取样时间间隔参考

预估熔体流动速率/(g/10min)	试样加入量/g	取样时间间隔/s
0.1～0.5	3～5	240
0.5～1.0	4～6	120
1.0～3.5	4～6	60
3.5～10	4～8	30
10～25	4～8	5～15

2. 调整水平

将口模放入料筒中，将水平仪插入料筒，观察水平仪中的气泡，旋转 4 个地脚使气泡停留在水平仪中央的红色圆圈内，则仪器达到水平状态。

3. 测试操作步骤

所使用设备有质量法和体积法两种测试方法。本实验采用质量法。

① 连接电源，打开仪器背后的开关，液晶屏显示欢迎画面。约 2s 后屏幕将显示上次实验所保留的实验参数设定值，如上次实验条件为：恒温 190℃、测量间隔 240s，测量次数 5 次，则屏幕实验参数显示界面如图 25-1 所示。

② 按下操作面板上的"设置"键进入参数选择设定界面，移动光标到需要设置的参数，输入相应的数据即可进行设置。

③ 设置完成后按"恒温"，仪器开始升温。

④ 等待仪器显示温度达到设定温度，稳定 2~3min。

```
温度设定:190.0℃
测量间隔:240.0s
测量次数:05
      键1参数设定参数
```

图 25-1 屏幕实验参数显示界面

⑤ 先将炉体外黑色手柄压入，然后借助加料漏斗装入口模，使口模平入，并用装料杆将口模压至料筒最底端。（用之前保证料筒和口模已清洗干净，否则应按同法放入料筒加热后趁高温清洗后再使用。）

⑥ 使用漏斗装料，并用活塞杆将料压实（以减少气泡），整个过程需在 1min 内完成。随后将活塞杆留在料筒内，加上所需负荷，等待仪器温度回升。

⑦ 装料完成后 4min，仪器温度应回到设定温度范围。此时活塞可能在重力作用下缓慢下降，直到挤出没有气泡的样条。该操作时间应控制在 1min 内。

注意：如果试样熔体流动速率高于 10g/10min，则预热时试样会有较大损失。此种情况下预热期间可以不加砝码或加较小的砝码，在 4min 预热结束后换成所需要的砝码。

⑧ 待活塞杆下降至下环形标记和导向套上平面齐平时，按下"预切"键，切去已流出的样条；然后按下"测量"键，仪器即按设置的时间间隔开始取样。

⑨ 待活塞杆下降至上环形标记和导向套上平面齐平时，停止取样。保留连续切取的无气泡样条三个，样条长度最好在 10~20mm 之间。从装样到切断最后一个样条的时间不应超过 25min。

⑩ 待样条冷却后，用天平称重，精确到 ±0.5mg，并计算平均质量。如果单个称量值中的最大值和最小值之差超过平均值的 15%，则放弃这一结果而用新样品重做实验。

4. 仪器各部件清洗

测试结束后，应趁高温清洗仪器各部件，方法如下。

① 活塞杆的清洗。将活塞杆从料筒中慢慢提起后，迅速用纱布将活塞擦拭干净。如果活塞提起时阻力过大，可一边顺时针旋转基础砝码，一边缓慢向上提起。

② 口模清洗。拉出炉体外的黑色手柄，用加料杆把口模从炉体下方顶出；然后迅速用口模清洗棒将口模孔内的残余物料顶出，再用纱布擦拭，清洗口模外表面。

③ 料筒清洗。将有缠绕带的纱布清洗杆插入料筒内，迅速上下擦拭几次。

5. 关机

实验结束后，关闭仪器电源，拔下电源插头。

五、数据记录与处理

将实验数据记入表 25-4 中。

表 25-4 实验数据记录表

试样名称：_____ 实验温度：_____ 负荷：_____

样条号	取样时间/s	样条质量/g	样条平均质量/g	MFR/(g/10min)
1				
2				
3				

熔体流动速率（MFR，g/10min）可按式（25-1）计算。

$$MFR = W \times 600/t \tag{25-1}$$

式中，W 为三个样条质量的算术平均值，g；t 为取样条时间间隔，s。

计算结果保留两位有效数字。

六、注意事项

1. 实验前要认真预习。操作实验机时，应认真细致、注意安全。
2. 操作过程中应戴隔热手套，谨防烫伤。
3. 装料、压料要迅速，否则物料全熔后难以排除气泡。
4. 整个体系温度要求保持均匀。在试样切取过程中，要尽量避免炉温波动。
5. 加金属重物压出余料时，切忌用人的压力把余料挤出，以免压料杆和出料托板等因受力不当和超载而变形。

七、思考题

1. 哪些因素影响聚合物（同一品种）熔体流动速率的大小？
2. 聚合物的熔体流动速率与分子量有什么关系？熔体流动速率在结构不同的聚合物之间能否进行比较？

实验 26　聚合物体积电阻率和表面电阻率的测定

一、实验目的

1. 了解高分子材料产生电导的物理本质及特点。
2. 掌握高分子材料体积电阻率和表面电阻率的测定方法。
3. 了解 EST121 型数字超高阻计的工作原理，掌握其使用方法。

二、实验原理

高分子材料的电学性能是指在外加电场作用下的行为及其所表现出来的各种物理现象，如材料所表现出来的介电性能、导电性能、电击穿性质以及与其他材料接触、摩擦时所引起的表面静电性质等。其中，最基本的是电导性能和介电性能，前者包括电导和电气强度（击穿强度）；后者包括极化（介电常数）和介质损耗（损耗因数）。电学性质的测量也是研究聚合物结构与分子运动的一种有效手段，能够非常灵敏地反映材料内部结构的变化和分子运动状况。

种类繁多的高分子材料电学性能是丰富多彩的。就导电性而言，高分子材料可以分为绝缘体、半导体、导体和超导体，它们的体积电阻率范围如表 26-1 所示。

表 26-1　各种材料的体积电阻率范围

材料	体积电阻率/(Ω·m)	材料	体积电阻率/(Ω·m)
超导体	$\leqslant 10^{-8}$	半导体	$10^{-5} \sim 10^{7}$
导体	$10^{-8} \sim 10^{-5}$	绝缘体	$10^{7} \sim 10^{18}$

多数聚合物材料是绝缘体，具有卓越的电绝缘性能，其电阻率高、介电损耗小，击穿强度高，加之又具有良好的力学性能、耐化学腐蚀性及易成型加工性能，使其比其他绝缘材料具有更大的实用价值，已成为电气工业不可或缺的材料。电阻和电阻率是重要的电学基本量，也是材料的主要电气参数之一。通常所说的电阻值是指直流电阻值，是材料两端施加一直流电压 U 与其通过的稳态电流 I 之比值。稳态电流 I 由两部分构成，即表面电流 I_s 和体积电流 I_V。按照欧姆定律，则表面电阻 R_s 和体积电阻 R_V 分别为：

$$R_s = U/I_s \tag{26-1}$$
$$R_V = U/I_V \tag{26-2}$$

由于材料的电阻值与材料的几何尺寸大小和形状密切相关，其值大小不能反映材料本身的特性，即不是材料电性能的特征物理量，因而不能作为材料的电性能参数，故引入电阻率的概念。电阻率是单位长度上所承受的直流电压与单位面积所通过的稳态电流之比，与材料尺寸、形状无关，而只决定于材料的性质，可作为表征材料电性能的参数。

1. 仪器原理

传统高阻计的工作原理是测量电压 U 固定，通过测量流过被测物体的电流 I 以标定电阻的刻度来读出电阻值。由于电流与电阻成反比，所以电阻值的显示是非线性的，分辨率很低；同时，在测量不同阻值的电阻时，电压 U 也会随之发生变化，因此普通的高阻计测量精度很难提高。

EST121 型数字超高阻计是同时测出电阻两端的电压 U 和流过电阻的电流 I，通过内部集成电路完成电压除以电流的计算，然后把所得到的结果经过 A/D 转换后以数字形式显示。因此，即使是电阻两端的电压和电流同时变化，其显示的电阻值也不会像普通高阻计那样造成较大误差。从理论上讲，误差可以做到零，而实际误差可以达到千分之几或万分之几。

聚合物通常都是作为优良的绝缘体使用，因此工业上要求提供聚合物体积电阻和表面电阻的数据。尽管是绝缘体，但不是完全不能导电。聚合物可以通过两个方式导电，即通过表面导电或通过体积内部导电。前者称为表面电阻，后者称为体积电阻。一般聚合物的体积电阻比表面电阻来得大，这是因为表面容易积聚灰尘或水汽等，所以通常所说聚合物的绝缘电阻是指它的体积电阻。

(1) 体积电阻率

在厚度为 d 的平板状聚合物试样两相对面上各放置面积为 S 的电极一个，并施加直流电压，于是在试样内部就有载流子按电场方向迁移，可测得两电极间的体积电阻值 R_V，试样的体积电阻率 ρ_V 即为：

$$\rho_V = R_V \frac{S}{d} \tag{26-3}$$

体积电阻率在数值上等于边长为 1cm 的立方体两相对面间传导直流电时的电阻值，其单位为 Ω·cm。用于电气绝缘材料的极性聚合物体积电阻率一般都在 $10^{10} \sim 10^{19}$ Ω·cm，而非极性聚合物体积电阻率则大于 10^{15} Ω·cm。

(2) 表面电阻率

将两电极放在聚合物试样的同一平面上，若电极的长度为 l、电极间距离为 b，在对两电极施加直流电压后，所测得的电极间电阻值为试样的表面电阻值 R_s，则试样的表面电阻

率 ρ_s 为：

$$\rho_s = R_s \frac{l}{b} \tag{26-4}$$

2. 技术指标

① 电阻测量范围：$1 \times 10^4 \sim 1 \times 10^{18}$ Ω，分 10 个量程。

② 电流测量范围：$1 \times 10^{-16} \sim 2 \times 10^{-4}$ A。

③ 分辨率：1/2000。

④ 使用环境：温度 $-10 \sim 50$℃，相对湿度小于 90%。

⑤ 测试电压：DC10V，DC50V，DC100V，DC250V，DC500V，DC1000V。

三、实验仪器与试样

1. 实验仪器

EST121 型数字超高阻计、微电流测量仪。

2. 实验试样

聚合物薄膜样品和压片样品。

四、实验步骤

① 连接好电源线和测试线。将测试线与待测试样连接好，可根据不同需求选择电极，按颜色接好测试线（红线为高压线，黑色屏蔽线接电流输入端）。

② 设置初始量程：将量程置于 10^4 挡上。

③ 选择合适的测量电压。在仪器后板上选择合适的电压（如不能确定，从较低开始）。

④ 接通电源。

⑤ 调零。在测量电路开路（或无测量线）状态下，将电流表显示值调为"0000"。

⑥ 测量。从低挡位量程开始逐渐拨向高挡，每一挡稍停（约 2～3s）以观察显示数字。当电阻显示为"1"时表示被测电阻超出仪器测量量程，应继续调向高挡。当测量电阻有显示值时应停止换挡，当前的数字显示值乘以量程挡位即为被测电阻值。

每测量一次均应将量程开关拨回到 10^4，以免开机或测量端短路时损坏仪器。

⑦ 关机。将量程挡位拨回至 10^4 挡后关闭电源。

五、数据记录与处理

1. 体积电阻率

① 由仪表读数计算体积电阻值 R_V。将仪表指示读数乘以倍率开关所示的倍率及测试开关所指示的系数（1000V 时为 1，100V 时为 0.1，以此类推）后所得结果为试样的体积电阻值 R_V。

② 按下式计算体积电阻率：

$$\rho_V = R_V \frac{S}{d} = R_V \frac{\pi r^2}{d} \tag{26-5}$$

式中，d 为试样厚度，cm；S 为测量电极的面积，cm^2。本实验所用测量电极半径 r 为 0.75cm。

2. 表面电阻率

① 从仪表读数计算表面电阻值 R_s，步骤同 R_V。

② 计算表面电阻率。如前所述，进行表面电阻率测试时，保护电极连接器接高压端。此时表面电阻率按下式计算：

$$\rho_s = R_s \frac{2\pi}{\ln(D_2/D_1)} \tag{26-6}$$

式中，D_2 为保护电极内径，本实验所用电极的 D_2 为 0.54cm；D_1 是测量电极的直径。

3. 电阻值 R

去保护电压后，按测试步骤⑥所得的电阻即为实验的总电阻值。

六、注意事项

1. 应在"Rx"两端开路时调零。
2. 禁止将"Rx"两端短路，以免微电流放大器受大电流冲击。
3. 在测试过程中不要随意改动测试电压。
4. 大部分绝缘材料，特别是防静电材料在加测试电压后电阻值会发生变化。
5. 接通电源后，手指不能接触高压线的金属部分。
6. 挡位必须由低向高拨，当拨到有数字出现时不要再继续升高量程以免精度下降。
7. 测试过程中不能触摸微电流测试端。
8. 测量高阻时，应采用屏蔽盒将被测物体屏蔽。
9. 每次测量完时应将量程开关拨回"10^4"挡再进行下次测试。

七、思考题

1. 影响聚合物电阻测定的因素有哪些？
2. 利用电性能研究材料结构有何优点？
3. 如何避免受到电击？

实验 27　导电聚合物电导率的四探针法测定

一、实验目的

1. 理解四探针方法测量导电聚合物电导率的原理。
2. 学会用四探针方法测量导电聚合物电导率。

二、实验原理

结构型导电聚合物因其结构和物理化学性质稳定，具有可逆的掺杂和脱掺杂特性、较高的室温电导率、较大的比表面积和密度轻等特点，不仅在工业生产和军工等领域具有广阔的应用前景，而且在日常生活和民用领域都具有极大的应用价值。电导率依赖于温度、湿度、气体和杂质等因素，是表征导电聚合物的首要核心指标，因此电导率测定是导电聚合物研究、开发和应用中的核心科学问题之一。

导电聚合物的导电性可以用电阻率 ρ 或电导率 σ 来表示。

当试样加上直流电压 U 时，如果流过试样的电流为 I，则按照欧姆定律，试样的电阻为：

$$R = U/I \tag{27-1}$$

试样的电导 G 为电阻的倒数：

$$G = 1/R = I/U \tag{27-2}$$

电阻和电导的大小都与试样的几何尺寸有关，不是材料导电性的特征物理量。

由于试样的电阻与试样的厚度 d 成正比，与试样的面积 S 成反比，则：

$$R=\rho d/S \tag{27-3}$$

式中，ρ 为电阻率。

试样电导 G 关系如下：

$$G=\sigma S/d \tag{27-4}$$

式中，σ 为电导率。

电阻率与电导率都不再与试样的尺寸有关，而只决定于材料的性质，它们互为倒数，都可用来表征材料的导电性。

1. 测试原理

四探针法测试原理简介如下。当1～4共四根金属探针排成一直线时，以一定压力压在半导体材料上，在1、4两处探针间通过电流 I，则2、3探针间产生电位差 V（图27-1）。

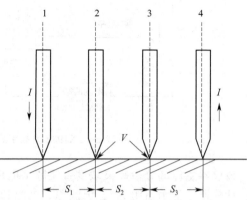

图 27-1　四探针法测试原理

试样的体积电阻率 ρ（$\Omega\cdot cm$）为：

$$\rho=\frac{V}{I}C \tag{27-5}$$

式中，C 为探针修正系数，由探针的间距决定。

试样的电导率 σ（S/cm）为：

$$\sigma=\frac{I}{VC} \tag{27-6}$$

当试样的体积电阻率分布均匀，试样尺寸满足半无穷大条件时为：

$$C=\frac{2\pi}{\dfrac{1}{S_1}+\dfrac{1}{S_2}-\dfrac{1}{S_1+S_2}-\dfrac{1}{S_2+S_3}} \tag{27-7}$$

式中，S_1、S_2、S_3 分别为探针1与2，探针2与3，探针3与4之间的距离。探头系数由制造厂对探针间距进行测定后确定，并提供给用户。每个探头都有自己的系数，$C\approx 6.28cm\pm 0.05cm$。

当取电流值 $I=C$ 时，则 $\rho=V$，可由数字电压表直接读出，进而求得电导率数值。

（1）块状或棒状样品电导率测量

由于块状或棒状样品外形尺寸远大于探针间距，符合半无穷大的边界条件，体积电阻率值可以直接由式（27-5）求出，进而求得电导率数值。

（2）薄片样品电导率测量

薄片样品因为其厚度与探针间距相近，不符合半无穷大边界条件，测量时要附加样品的厚度、形状和测量位置的修正系数。

其体积电阻率值可由式（27-8）得出：

$$\rho=C\frac{V}{I}G\left(\frac{W}{S}\right)D\left(\frac{d}{S}\right)=\rho_0 G\left(\frac{W}{S}\right)D\left(\frac{d}{S}\right) \tag{27-8}$$

式中，ρ_0 为块状体电阻率测量值；W 为样品厚度，μm；S 为探针间距，mm。

$G(W/S)$ 为样品厚度修正系数，可由附录7查得。

$D(d/S)$ 为样品形状和测量位置的修正系数，可由附录8查得；当 $W/S>0.5$ 时，适用。

当圆形样品的厚度满足 $W/S<0.5$ 时，体积电阻率为：

$$\rho = \rho_0 \frac{W}{S} \times \frac{1}{2\ln 2} D\left(\frac{d}{S}\right) \tag{27-9}$$

2. 电气原理

SX1934 型数字式四探针测试仪电气部分原理如图 27-2 所示。

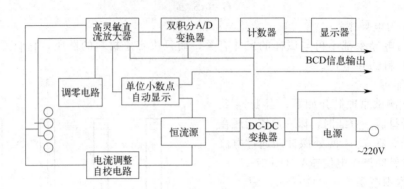

图 27-2　SX1934 型数字式四探针测试仪电气部分原理

该仪器主体部分由高灵敏度直流数字电压表（由高灵敏直流放大器、双积分 A/D 变换器、计数器、显示器组成）、恒流源、电源和 DC-DC 变换器等组成。为了扩大仪器功能及方便使用，还设立了单位小数点自动显示电路、电流调整自校电路和调零电路等。

该仪器电源还经过 DC-DC 变换器，由恒流源电路产生一个高稳定度恒定直流电流，其量程分别为 $10\mu A$、$100\mu A$、$1mA$、$10mA$、$100mA$ 五挡。在各挡电流量程中，输出电流值均连续可调。此恒定电流输送到 1、4 探针上，在样品上产生一个直流电位差，被 2、3 探针检出，由高灵敏度、高输入阻抗的直流电压放大器将直流电压信号放大（放大量程有 $0.2mV$、$2mV$、$20mV$、$200mV$、$2V$ 五挡），再经过双积分 A/D 变换器将模拟量变换为数字量，经由计数器、单位小数点自动转换电路等显示出测量结果。

为了克服测试中探针与半导体材料样品接触时产生的接触电势和整流效应的影响，本仪器设立了"粗调""细调"调零电路，以产生一个恒定的电势来抵消上述附加电势的影响。

仪器的自校电路中还备有精度为 0.02%、阻值为 $19.96\ \Omega$ 的标准电阻，作为自校电路的基准。通过自校电路可以方便地对数字电压表和恒流源的精度进行校准。

三、实验仪器与试样

1. 实验仪器

本实验使用 SX1934 型数字式四探针测试仪。

该仪器为台式结构，分为主机、测试架两大部分，可以根据测试需要安放在一般工作台或者专用工作台上。测试架由探头及压力传动机构、样品台构成。探头经过精密加工，探针为耐磨材料碳化钨制成，配用宝石导套，使测量误差大为减少，且寿命长。探头内有弹簧压力装置，测试架内还有高度粗调、细调及压力自锁装置。

主机为仪器主要电气部分所在，有数字显示板、单位显示灯及全部操作旋钮、开关等，面板如图 27-3 所示。

2. 实验试样

导电聚合物压片或薄膜样品。

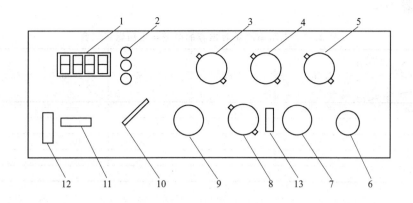

图 27-3　面板示意图

1—数字显示板；2—单位显示灯；3—电流量程开关；4—工作选择开关；5—电压量程开关；
6—输入插座；7—调零细调；8—调零粗调；9—电流调节；10—电源开关；
11—电流开关；12—极性开关；13—调零开关（选配）

四、实验步骤

1. 测试准备

① 将 220V 电源插头插入电源插座，电源开关置于"断开"位置，工作选择开关置于"短路"位置，电流开关处于弹出切断位置。

② 将测试架的插头与主机的输入插座连接起来，将探头调到适当高度及位置。

③ 样品应进行喷砂和清洁处理后放在样品架上，调节高度手轮，使探针能与样品表面接触良好并保持一定的压力。

④ 调好室内温度（23±2）℃、湿度 60%～70%。

⑤ 将电源开关置于开启位置，数字显示灯亮，仪器通电预热 1h。

2. 测量

① 极性开关拨至上方。

② 工作状态选择开关置于"测量"，拨动电流和电压量程开关，置于样品测量所合适的电流、电压量程范围。调节电压表的粗调和细调，使数字显示为"0000"。

③ 将工作选择挡置于"自校"位置，电流、电压量程按步骤②设置。调好电压表零位，按下电流开关，使数字显示板显示出"199*"，各量程数值允许误差为±4。如超差可调机内压板上"I调节"窗孔内的电位器使数字达"199*"。

④ 将工作选择挡置于"调节"，电流调节在 $I=6.28=C$，C 为探针几何修正系数。I 为仪器参数调节值，为修正系数，不显示单位。

⑤ 测量电阻率时，预估的样品电阻率范围和应选择的电流范围对应关系如表 27-1 所示。

表 27-1　预估的样品电阻率范围和应选择的电流范围对应关系

电阻率范围/(Ω·cm)	<0.012	0.008～0.6	0.4～60	40～1200	>800
电流挡	100mA	10mA	1mA	100μA	10μA

根据国家标准及仪器性能，为保证测试精度，在电阻率测试时，推荐采用的电流与电压

量程组合见表 27-2。

表 27-2 电阻率测量时推荐的电流与电压量程组合

电阻率/(Ω·cm)　电压 电流	0.2mV	2mV	20mV	200mV	2V
100mA	$10^{-4} \sim 10^{-3}$	10^{-3}	—	—	—
10mA	—	$10^{-3} \sim 10^{-2}$	10^{-1}	—	—
1mA	—	10^{-1}	$1 \sim 20$	$10 \sim 50$	$10^2 \sim 10^3$
100μA	—	—	—	$200 \sim 500$	$10^3 \sim 10^4$
10μA	—	—	—	—	10^5

⑥ 工作状态选择开关置于"测量"，按下电流开关输出恒定电流，即可由数字显示板和单位显示灯直接读出测量值。再将极性开关拨至下方（负极性），按下电流"开"，读出测量值，将两次测量值取平均，即为样品在该处的电阻率值。如果"±"极性发出闪烁信号，则测量数值已超过此电压量程，应将电压量程开关拨到更高挡，读数后退出电流开关，数字显示恢复到零位。

每次更换电压、电流量程均要重复步骤③～步骤⑤。

五、数据记录与处理

1. 块状或棒状样品电导率的计算

SX1934 型数字式四探针测试仪能够测量块状或棒状样品，样品外形尺寸远大于探针间距，符合半无穷大的边界条件。其体积电阻率值可以直接由式（27-5）求出，进而由式（27-6）求得电导率数值。

2. 薄片电导率的计算

当薄片厚度大于 0.5mm 时，其体积电阻率值按式（27-8）计算求出，进而式（27-6）式求得电导率数值。

当薄片厚度小于 0.5mm 时，其体积电阻率值按式（27-9）计算求出，进而由式（27-6）式求得电导率数值。

六、注意事项

1. 测量电流调节

工作选择开关置于"I 调节"位置，电流、电压量程开关应位于对应位置上，如 2V/100mA、200mV/10mA、20mV/1mA、2mV/100μA、0.2mV/10μA。按下电流开关，调节电流电位器使电流达到所需要的值。调好一挡后，其余挡均按此比例输出。

2. 仪器自校

工作开关置于"自校"位置，电流、电压量程按上面设置。调好电压表零位，按下电流开关则数字显示板显示出"199 ＊"，各量程数值允许相差 ±4；如超差可调机内压板上"I 调节"窗孔内的电位器使数字达"199 ＊"。

七、思考题

1. 四探针测试样品需要注意哪两个最主要的问题？
2. 如何采用四探针测试样品的电阻？
3. 四探针法测定材料电阻的优点是什么？

实验 28 橡胶硫化特性曲线的测定

一、实验目的

1. 理解橡胶硫化特性曲线测定的意义。
2. 了解 UR-2010SD 型无转子硫化仪的结构原理及操作方法。
3. 掌握橡胶硫化特性曲线测定，准确处理硫化曲线并确定正硫化时间。

二、实验原理

橡胶硫化是指在一定温度、时间和压力下，将混炼胶的线型高分子进行化学交联，形成三维网状结构的过程。伴随硫化过程，橡胶经历了一系列变化，比如塑性降低、弹性增加、抵抗外力变形的能力增加等。其力学性能和化学性能得到了改善，使橡胶材料成为具有应用价值的工程材料。因此，硫化是橡胶及其制品生产中最重要的工艺过程之一。

橡胶在硫化过程中，各种性能随硫化时间增加而变化，橡胶的硫化历程可分为焦烧（诱导期）、预硫化（热硫化期）、正硫化和过硫化（天然橡胶以硫化返原为主）四个阶段，如图 28-1 所示。

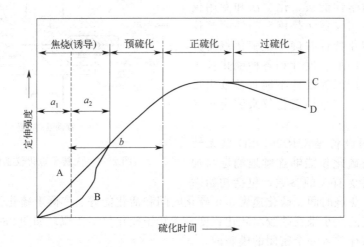

图 28-1 橡胶的硫化历程

A—起硫快速的胶料；B—有延迟特性的胶料；C—过硫后定伸强度保持不变的胶料；D—具有返原性的胶料；
a_1—操作焦烧时间；a_2—剩余焦烧时间；b—模型硫化时间

焦烧阶段又称硫化诱导期，是指橡胶在硫化开始前的延迟作用时间，在此阶段胶料尚未开始交联，胶料在模型内有良好的流动性。对于模压硫化制品，胶料的流动、充模必须在此阶段完成，否则就发生焦烧。胶料开始交联并丧失流动性是这一阶段结束的标志。硫化诱导期的长短与生胶本身性质以及所用助剂有关，如用迟延性促进剂可以得到较长的焦烧时间，且有较高的加工安全性。

预硫化阶段是焦烧期以后橡胶以一定速度开始交联的阶段。随着交联反应的进行，橡胶的交联程度逐渐增加，并形成网状结构，橡胶的物理力学性能逐渐上升，但尚未达到预期水平。

在正硫化阶段（硫化平坦区），橡胶的交联反应达到一定程度，此时各项物理力学性能均达到或接近最佳值，其综合性能最佳。

过硫化阶段是正硫化以后继续硫化阶段，可能出现三种情况：天然橡胶出现"返原"现象（定伸强度下降），大部分合成橡胶（除丁基橡胶外）定伸强度继续增加或者保持不变。对任何橡胶来说，硫化时不只是产生交联，还由于热及其他因素的作用发生交联链或分子链的断裂，这一现象贯穿整个硫化过程。在过硫化阶段，如果交联仍占优势，橡胶就变硬，定伸强度继续上升；反之，橡胶变软和发生黏结现象，即出现返原。

由硫化历程可以看到，橡胶处在正硫化阶段时，其物理力学性能或综合性能达到最佳值，预硫化或过硫化阶段胶料性能均不好。一般认为，达到正硫化状态所需的最短时间为理论正硫化时间，也称正硫化点。而正硫化是一个阶段，在正硫化阶段中，胶料的各项物理力学性能保持最高值，但橡胶的各项性能指标往往不会在同一时间达到最佳值。因此，准确测定和选取正硫化点就成为确定硫化条件和获得产品最佳性能的决定因素。

从硫化反应动力学原理来说，正硫化是胶料达到最大交联密度时的硫化状态，正硫化时间应由胶料达到最大交联密度所需的时间来确定比较合理。在实际应用中是根据某些主要性能指标与交联密度成正比来选择最佳点，确定正硫化时间。硫化胶性能随硫化时间的长短有很大变化，正硫化时间的选取，决定了硫化胶性能的好坏。测定正硫化程度的方法有 3 类：物理力学性能法、化学法和专用仪器法。其中，专用仪器法是用专门的测试仪器来测定橡胶硫化特性并确定正硫化点的方法。目前主要用门尼黏度计和各种硫化仪等进行测试。由于门尼黏度计不能直接读出正硫化时间，因此大多采用硫化仪来测定正硫化时间。

本实验所用设备是 UR-2010SD 型无转子硫化仪。这类硫化仪能够连续地测定与加工性能和硫化性能有关的参数，包括初始黏

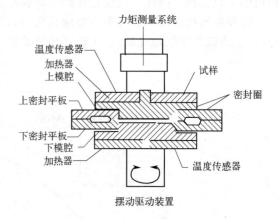

图 28-2　无转子硫化仪工作原理

度、最低黏度、焦烧时间、硫化速度、正硫化时间和活化能等。实际上硫化仪测定记录的是转矩值，以转矩的大小来反映胶料硫化程度。无转子硫化仪工作原理如图 28-2 所示。

将混炼胶试样放入一个密闭的模腔内，并保持在实验温度下。模腔有上下两部分，其中一部分以微小的线性往复移动或摆角振荡，振荡使试样产生剪切应变，测定试样对模腔的反作用转矩（力），同样此转矩（力）取决于胶料的剪切模量。实验时，下模腔做一定角度的摆动，在温度和压力作用下，胶料逐渐硫化，其模量逐渐增加，模腔摆动所需要的转矩也成比例增加。这个增加的转矩值由传感器接收后，变成电信号再送到记录仪上放大并记录。因此，硫化仪测定记录的是转矩值，由转矩值的大小来反映胶料的硫化程度，得到的典型硫化曲线如图 28-3 所示。

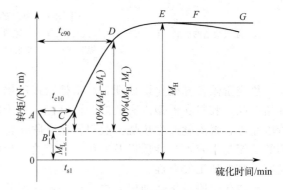

图 28-3　典型硫化曲线

在图 28-3 典型硫化曲线中，M_L 为最小转矩，N·m；M_H 为最大转矩，N·m；t_{s1} 为焦烧时间，从开始加热起，至胶料的转矩由最低值上升到 0.1N·m 所需要的时间，min（'）或 s（"）；t_{c10} 为起始硫化时间，从开始加热起，转矩达到 $(M_H-M_L)\times10\%+M_L$ 时所对应的硫化时间，min（'）或 s（"）；t_{c90} 为正硫化时间，转矩达到 $(M_H-M_L)\times90\%+M_L$ 时所对应的硫化时间，min（'）或 s（"）。

另外，还以硫化速度指数 $CRI=100/(t_{c90}-t_{c10})$ 表示硫化程度。CRI（单位为 min^{-1}），反映胶料硫化速度快慢，CRI 值大，硫化速度快。

在硫化曲线中，最小转矩 M_L 反映一定温度下胶料的黏度（流动性）高低；最大转矩 M_H 反映硫化胶的最大交联度；M_H-M_L 为最高、最低转矩差值，反映交联程度高低。

硫化仪可得到的曲线一般有 3 种，如图 28-4 所示。①转矩达到最大值以后基本保持不变，见图 28-4(a)；②转矩达到最大值以后，又出现下降（"返原"现象），见图 28-4(b)；③转矩一直随着硫化时间增长而增加，见图 28-4(c)。

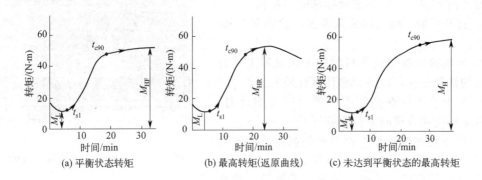

(a) 平衡状态转矩　　(b) 最高转矩(返原曲线)　　(c) 未达到平衡状态的最高转矩

图 28-4　硫化曲线类型

在图 28-4 硫化曲线类型中，M_L 为最低转矩，N·m；M_{HF} 为平衡状态转矩，N·m；M_{HR} 为最高转矩（返原曲线），N·m；M_H 为到达规定时间之后，所达到的最高转矩，N·m。

三、实验仪器与试样

1. 实验仪器

UR-2010SD 型无转子硫化仪，见图 28-5。

2. 实验试样

橡胶混炼胶料。

四、实验步骤

1. 样品准备

将混炼胶裁成小圆片状，直径略小于模腔。试样的体积应略大于模腔的容积（模腔的容积为 $3\sim5cm^3$，并应通过预先实验确定，一般取 $5\sim7cm^3$）。样品质量约为 3.5g，可用裁刀或剪刀加工而得，试样不应含杂质、气孔及灰尘等。

2. 实验条件设定

硫化仪实验条件主要包括振荡频率、振荡幅度及实验温度与实验压力四项。

① 振荡频率。振荡频率为 1.7Hz±0.1Hz，在特殊用途中，允许使用 0.5～2Hz 的其他频率。

② 振荡幅度（简称振幅）。振幅范围为±0.1°～±2°（0.2°～4°），一般选用（1.00±0.02）°。

③ 实验温度。推荐实验温度为 100～200℃，必要时也可使用其他温度。其温度的波动范围为±0.3℃，具体依据配方或工艺要求而定。

④ 实验压力。在实验过程中，气缸或其他装置能够施加并保持不低于 8kN 作用力。

3. 无转子硫化仪实验步骤

① 检查设备仪器，整理设备仪器、周边环境，准备相关工具。

② 开机，进行相关参数设定（如方式、温度、时间等）。

③ 将模腔加热到实验温度。如果需要，调整记录装置的零位，选好转矩量程和时间量程。

④ 打开模腔，将试样放入模腔，然后在 5s 以内合模。

⑤ 当实验出现黏结胶料时，可在试样上下衬垫合适的塑料薄膜，以防胶料粘接在模腔上。

⑥ 记录装置应在模腔关闭的瞬间开始计时。模腔的摆动应在合模时或合模前开始。

⑦ 当硫化曲线达到平衡点或最高点或规定的时间后，打开模腔，迅速取出试样。

⑧ 实验结束后，关机、关电、关气等。清理现场并作好相关实验仪器使用记录。

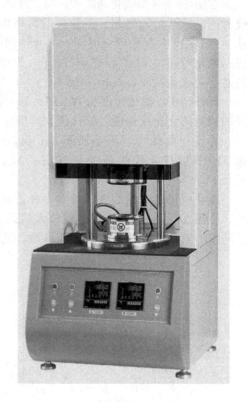

图 28-5　UR-2010SD 型无转子硫化仪

五、数据记录与处理

由无转子硫化仪微机数据处理系统绘出硫化曲线，打印出实验数据及硫化曲线。对硫化曲线进行解析，求出最小转矩 M_L、最大转矩 M_H、$(M_H-M_L)\times10\%+M_L$、$(M_H-M_L)\times90\%+M_L$、起始硫化时间 t_{c10}、正硫化时间 t_{c90} 及硫化反应时间 $t_{c90}-t_{c10}$。

六、注意事项

1. 不得使用金属工具接触模具型腔。
2. 清理模腔时不能有废料落入下模腔孔内。
3. 在测试时间内若需终止实验，或实验已达到要求，可通过微机控制系统停止测试。

七、思考题

1. 未硫化胶硫化特性的测定有何实际意义？
2. 影响硫化特性曲线的主要因素是什么？
3. 为什么说硫化特性曲线能近似地反映橡胶的硫化历程？
4. 分析不同温度下取得的硫化特性曲线，指出本实验胶料较理想的硫化工艺条件。

实验 29　橡胶耐磨性能的测定

一、实验目的

1. 熟悉阿克隆磨耗实验机的结构、测试原理及其操作方法。
2. 了解材料的磨耗性能在实际应用过程中的现实意义。
3. 掌握橡胶制品耐磨性能的表示方法。

二、实验原理

橡胶磨耗是橡胶表面受到摩擦力的作用而使橡胶表面发生微观毁损、脱落的现象。目前还没有统一的磨耗理论，但有如下几种看法。

① 扯断磨耗。橡胶在粗糙表面摩擦时，由于尖锐点的刮擦，使橡胶表面产生局部应力集中，在应力集中点橡胶被强烈扯断成微小颗粒而脱落。

② 图形磨耗。当橡胶在粗糙表面摩擦又不改变其滑行方向时，由于橡胶对表面有高的摩擦力，加上橡胶的高弹性等，橡胶表面形成与摩擦方向成直角的平行凸纹或称为脊棱。这一条条平行凸纹，称为图形磨耗。图形磨耗的出现会使磨耗强度显著增大。

③ 疲劳磨耗。由于橡胶表层反复变形而产生疲劳撕裂，伴随着氧化降解作用，常发生黏结现象。这种破坏所产生的磨耗称为疲劳磨耗。

④ 起卷磨耗。橡胶在高摩擦、高滑动的条件下，由于表面起卷剥离产生的磨耗称为起卷磨耗。

⑤ 热分解磨耗。飞机轮胎在着陆时，以及汽车紧急刹车时，在胎面表层约 0.1mm 处瞬间温度可远远超过橡胶热分解温度（约 200℃），橡胶薄层从胎面脱落黏结在地面形成黑油状运行轨迹，称为热分解磨耗。

耐磨耗是许多橡胶制品的一项重要检验指标，因为制品的使用寿命与磨耗有直接关系。轮胎的摩擦特性不仅影响轮胎高磨耗性能，而且关系到行车安全，如刹车、急转弯、侧向滑动等。动密封圈需要较小的摩擦系数；运输带、胶鞋等需要较大的摩擦系数，耐磨性要好。由此可见，磨耗性能的测试是橡胶工业中不可缺少的测试项目。

国际上曾先后出现阿克隆、格拉西里、邵坡尔、皮克等多种型号磨耗实验机。一般是用规定条件下试样同摩擦面接触，以被磨下的颗粒质量或体积来表示测试结果。其中，阿克隆磨耗机是早期应用至今使用最为广泛的实验机之一。其结构简单、操作方便、价格低廉，我国现行橡胶制品技术标准中的耐磨性能指标即根据该仪器所定。

阿克隆磨耗的实验结果可用绝对磨耗值（磨损体积）和磨耗指数两种方法表示。测得的磨耗指数越大，表示试样的耐磨性能越好，以该值表示实验结果同以磨损体积表示实验结果相比有下列优点。

① 对使用周期较长的磨损面，可以减小因其长期使用导致摩擦面切割力降低，而造成对实验结果的影响。

② 可减小由于更换摩擦面后其切割力的变化所带来的影响。

③ 可提高同一类型磨耗实验机在不同机器及不同实验室所得结果的可比性。

④ 对于不同类型的磨耗实验机所得结果也可以进行比较参考。

阿克隆磨耗机是使橡胶试样与砂轮成 15°倾斜角，并在受到 26.66N 的压力情况下进行摩擦，产生扯断磨耗、图形磨耗、疲劳磨耗、起卷磨耗等使橡胶试样被磨损，用橡胶试样与砂轮摩擦行程为 1.61km 时被磨损的体积来表征橡胶的耐磨耗程度。

由于橡胶制品在实际使用过程中其磨耗往往伴随拉伸、压缩、剪切、生热、老化等复杂现象，故上述各种室内磨耗实验与实际磨耗存在一定的差距，其相关性也有一定的局限性。但通过这些测试仍能判别橡胶耐磨性能的好坏或对同一胶料的耐磨程度进行比较。

影响实验结果的因素主要如下。

① 倾角。试样与水平面夹角大小对磨耗体积有较大影响。倾角很大时，磨耗体积几乎呈直线急剧增加，因此实验必须严格控制倾角小于15°。

② 试样长度。试样长度对磨耗体积的影响也是不可忽视的。试样长度减少，磨耗体积将增大。因此，试样粘接后，试样短期内应力增加，使磨耗体积增大。

③ 压力。压力增加，摩擦力增加，也会使磨耗增大。

④ 实验温度。一般实验温度升高，磨耗阻力下降，磨耗量增加。但磨耗量的变化情况与所采用的温度范围有关，并不总是随温度的升高而增大。如在0～36℃范围内，对填充高耐磨炉黑的天然橡胶和丁苯橡胶进行实验，发现16℃时二者的磨耗量相同；高于16℃时，天然橡胶磨耗量高于丁苯橡胶，低于16℃时则相反。由于温度对磨耗的影响较大，所以实验应尽可能在恒温条件下进行。

⑤ 湿度。相对湿度对橡胶磨耗影响比较复杂。如天然橡胶和丁苯橡胶，湿度升高，磨耗量也增加。但丁苯橡胶随湿度升高，磨耗量反而减小。为提高磨耗实验的准确性，对相对湿度也应当注意。

⑥ 磨耗发生黏结。在磨耗过程中，常发生黏结现象。由于发生黏结时磨下来的微小粒子离不开试样，在继续磨耗过程中，仍粘接在重复滚动的发黏试样的表面上；同时，一部分发黏胶粒粘接在砂轮上，改变了摩擦面的表面状态。因此，测出的磨耗体积非常低，表现出虚假的耐磨性好的结果。故需加以防止：一是用硬毛刷清除试样或砂轮上的胶屑；二是在试样和砂轮上撒防黏粉料，如碳化硅或氧化铝粉末等。

三、实验仪器与试样

1. 实验仪器

阿克隆磨耗实验机（DZ-720），如图 29-1 所示。

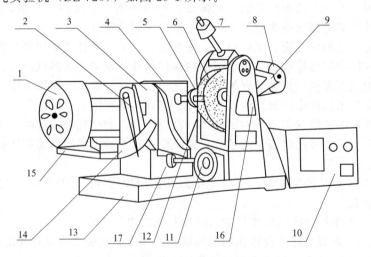

图 29-1 阿克隆磨耗实验机的结构

1—电机；2—指针；3—角度架；4—减速器；5—试样胶轮；6—砂轮；7—平衡重锤；8—加压重锤；
9—加压重锤架；10—行程自动控制器；11—旋转手轮；12—旋转轴；13—机座；
14—角度显示牌；15—电动机座；16—计数器装置；17—固定螺帽

把试样胶轮 5 夹持于旋转轴 12 上，电机 1 带动减速器 4 使旋转轴 12 转动，使试样胶轮与砂轮 6 接触产生摩擦。减速器 4 和电机装于电动机座 15 上，以轴支持于角度架 3 上。在角度架的侧面装有角度显示牌 14 及指针 2，旋转手轮 11 可调节试样胶轮与砂轮的倾斜角度，角度调好后可由固定螺帽 17 加以固定。实验机右端装有加压重锤 8，砂轮 6 装于加压重锤架 9 上，内装轴承转动灵活；平衡重锤 7 用于平衡压臂的质量，使砂轮在加压重锤的作用下，通过杠杆比例关系压在试样胶轮上的力为 26.66N。计数器装置 16 将信号传向行程自动控制器 10，当行程达到规定时能自动停车。

2. 实验试样

① 丁苯橡胶半成品胶料。试样用专用模具硫化为条状，应符合 GB/T 1689—2014《硫化橡胶 耐磨性能的测定（用阿克隆磨耗实验机）》的标准要求，长度＝(胶轮直径＋2×试样厚度)×3.14mm，宽度＝(12.7±0.2)mm，厚度＝(3.2±0.2)mm。把试样沿圆周粘接在标准胶轮上，标准胶轮直径为 68mm，厚度＝(12.7±0.2)mm，硬度（邵氏）为 75～80HD。

② 试样表面不应有花纹、缺陷、裂痕、损伤、杂质等。

③ 试样两端裁成 45°角，再将试样和胶轮的贴合面磨耗，清除胶屑后涂上胶水，然后紧贴在胶轮上，粘贴时试样不应受到张力。适当放置一段时间，使之粘贴牢固。

四、实验步骤

① 校正仪器，调整至水平位置。

② 把粘接好试样的胶轮固定在旋转轴 12 上，将加压重锤 8 置于加压重锤架 9 上，使胶轮承受压力。

③ 旋转手轮 11 使旋转轴与水平呈 15°角（可由指针 2 在角度显示牌上加以显示），然后用固定螺帽 17 加以固定。

④ 开电机使旋转轴顺时针转动，干磨试样 15～20min，使试样表面导砂轮全部贴紧；然后取下试样胶轮，用分析天平准确称量至小数点后三位。

⑤ 胶轮称重后安装在旋转轴上夹紧，再调节、控制计数器装置 16，使其指示为零位。将单相电机电流插头以及控制计数器的插头分别插入行程自动控制器的相应位置，开启自动控制器的电源开关，电机转动，使试样胶轮与砂轮开始摩擦。当经过 1.61km 行程时，电机能够停车。

⑥ 取出试样胶轮，刷去胶屑；在 1h 以内，采用分析天平准确称重至小数点后三位。

⑦ 所有试样测试完毕，取下砝码收存，并清除机台上的残屑。

五、数据记录与处理

磨耗程度是把橡胶试样的磨耗量（试样磨耗前后质量的差值）换算成体积来表示。按式 (29-1) 计算试样的磨损体积：

$$V=(m_1-m_2)/\rho \tag{29-1}$$

式中，V 为磨耗的体积，cm^3；m_1 为试样胶轮在实验前的质量，g；m_2 为试样胶轮在实验后的质量，g；ρ 为试样的密度，g/cm^3。

按式(29-2)求得试样的磨耗指数：

$$磨耗指数=\frac{V_s}{V_t}\times100\% \tag{29-2}$$

式中，V_s 为标准配方的磨损体积，cm^3；V_t 为实验配方在相同行程中的磨耗体积，cm^3。

试样数量应不少于两个，以算术平均值表示实验结果，允许偏差为±10%。

六、注意事项

1. 机台平衡块，出厂时已调整完成，请勿任意调动。
2. 装置试片芯子时，须关掉电源，以防发生危险。
3. 试片芯子固定螺帽为左螺纹，因此固定试片芯子时，逆时针为锁紧，顺时针为放松。
4. 实验完毕须取下砝码，另外收存，并上防锈油。
5. 每次实验完毕，须立即清除残屑，活动部分上油保养。
6. 砂轮须以毛刷定期清理。

七、思考题

1. 影响橡胶磨耗性能测试结果的因素有哪些？
2. 分析硫化胶的磨耗体积与实验配方和工艺操作之间的因果关系。

第四章

高分子材料综合性和设计性实验

实验 30　聚苯胺/木质素磺酸复合物的制备及其有机染料吸附性能

一、实验目的

1. 通过查阅文献，了解苯胺单体的物理化学性质及实验安全注意事项。
2. 掌握聚苯胺/木质素磺酸复合物的化学氧化聚合方法及影响因素。
3. 掌握聚苯胺/木质素磺酸复合物的结构表征方法、实验测试仪器及其操作。
4. 掌握聚苯胺/木质素磺酸复合物的吸附性能测试方法及影响因素。
5. 能够使用分析软件对实验数据进行处理和分析。

二、实验原理

　　随着现代印染工业的高速发展，染料废水排放总量不断增大并逐渐成为当前土壤、水体的主要污染源之一。常用染料废水处理技术有吸附法、电化学法、氧化法、生物絮凝法等。其中，吸附法由于选择性好、操作简单方便、可循环使用，适合染料废水的处理。在众多吸附剂中，聚苯胺具有环境稳定性好、原料廉价易得、合成方法简便、可广泛适用于各种复杂的吸附环境等优点，并且其分子中含有大量亚氨基功能基团，可与有机染料发生相互作用，成为一种吸附性能良好的吸附剂。木质素磺酸盐具有可再生和来源丰富的优点，作为一种廉价的纸浆加工副产品，因其多功能性使其应用价值日益增加，可应用于聚苯胺/木质素磺酸复合物的制备。在该综合实验中，采用化学氧化聚合方法，在木质素磺酸盐存在的条件下实现苯胺单体的聚合，获得聚苯胺/木质素磺酸复合物。该复合物中具有三维网状结构的木质素磺酸盐分子的引入，可以有效改善聚苯胺的结构，使复合物对有机染料的吸附性能得以提升，可获得合成方便、成本低廉、吸附性能优异的新型吸附剂材料。

　　导电聚合物作为功能高分子材料是近些年来快速发展的研究热点之一，由于导电聚合物的特殊结构和物化性能，使其在电子工业、信息工程、国防工程及能源领域具有广阔的应用前景。聚苯胺作为导电聚合物家族的重要成员，具有原料便宜、合成简便、稳定性高、室温导电性可调控等优点。聚苯胺的结构式最早由美国化学家 MacDiarmid 教授等给出，提出了被广泛接受的苯式还原单元（a）和醌式氧化单元（b）结构共存（$0 \leqslant y \leqslant 1$）的模型，见

图 30-1。依两单元所占比例不同，聚苯胺可有三种极端形式，即全还原态（$y=1$）、全氧化态（$y=0$）和中间氧化态（$y=0.5$），而且聚苯胺的各态之间可以相互转化。不同氧化还原状态的聚苯胺可通过适当的掺杂方式获得导电聚苯胺。

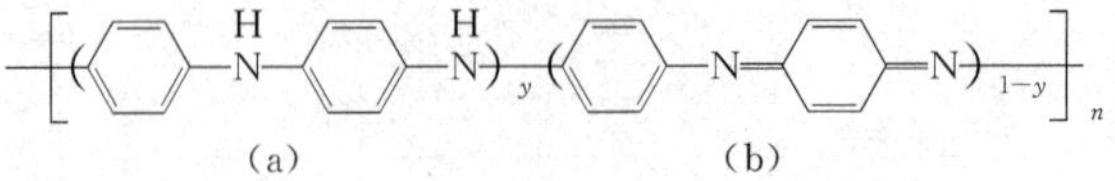

图 30-1　聚苯胺的分子结构

常用的聚苯胺合成方法有化学氧化聚合法与电化学聚合法。其中，化学氧化聚合法适宜大批量合成聚苯胺，易于进行工业化生产。对其合成过程来说，聚合体系主要如下：单体、反应介质（水溶液、有机溶剂）、引发剂、分散剂等。这些实验参数，如单体的摩尔浓度、反应介质种类及浓度、引发剂种类及浓度、反应时间、反应温度等都会对聚苯胺的结构、形貌甚至性能产生影响。通过选择适当的反应参数，可以调控聚合物的结构及性能。

苯胺单体的化学氧化聚合法通常是在酸性反应介质中，以引发剂引发单体发生聚合反应得到聚苯胺。最常用的介质酸是 HCl 水溶液，所得聚苯胺的电导率高，但容易发生脱掺杂；在 H_2SO_4、$HClO_4$ 水溶液体系中可得到高电导率的聚苯胺，但这些质子酸会残留在聚苯胺的表面，影响产品质量；而在 HNO_3、CH_3COOH 体系中所得到的聚苯胺为绝缘体。非挥发性的有机质子酸（如十二烷基磺酸、十二烷基苯磺酸、樟脑磺酸、萘磺酸等）掺杂，可获得稳定性好和可溶解性的功能质子酸掺杂聚苯胺。

所用的引发剂是具有氧化性的试剂，如 $(NH_4)_2S_2O_8$（过硫酸铵）、$K_2Cr_2O_7$、KIO_3、$FeCl_3$、H_2O_2、$Ce(SO_4)_2$、MnO_2、BPO（过氧化苯甲酰）等。其中，过硫酸铵由于水溶性好、不含金属离子、氧化能力强、后处理方便等优点，是最常用的引发剂。也可采用复合引发剂，如 $(NH_4)_2S_2O_8$ 和碳酸酯类过氧化物的体系，Fe^{2+} 与 H_2O_2 的复合体系。在一定范围内，随着引发剂用量的增加，高分子产率和电导率也增加。当引发剂用量过多时，体系活性中心相对较多，不利于合成高分子量的聚苯胺，并且聚苯胺的过氧化程度增加，电导率下降。

在过硫酸铵体系中，在一定温度范围内，随着反应体系温度升高，产物产率增加。由于苯胺聚合是放热反应，且聚合过程有一个自加速过程，单体浓度过高时会发生爆聚，一般单体浓度在 $0.25\sim0.5mol/L$ 为宜，此时介质酸最佳浓度范围为 $1.0\sim2.0mol/L$。反应温度对聚苯胺的电导率影响不是很大，而在低温下（冰水混合浴）聚合有利于提高聚苯胺的分子量并获得分子量分布较窄的产物。

由于苯胺单体可以在宽泛的实验条件下发生聚合反应，即使在第二成分（如天然高分子表面活性剂、水溶性聚合物、氧化石墨烯等）存在的情况下也可以获得结构均一、性能优异的聚合物。本实验中，我们选用带有磺酸官能团的天然高分子表面活性剂木质素磺酸为分散剂，采用化学氧化聚合法制备聚苯胺/木质素磺酸复合物，通过"实验参数选取、聚合物制备、结构表征、性能测试"的综合性实验教学过程，不仅可以让读者了解科学研究的基本工作思路，还可以培养读者综合运用所学的高分子化学、高分子物理和功能高分子方面的知识和实验技能，合理选择实验方案，解决实验过程中遇到的实际问题。通过该实验，可以训练读者对聚合物制备实验操作、聚合过程现象的观察和了解等；同时，还能让读者掌握高分子材料领域的大型科研仪器的使用方法以及聚合物性能的影响因素等。该实验涵盖的内容丰富，有助于培养读者的科研兴趣及分析问题、解决问题的能力。

三、实验仪器、试样与试剂

1. 实验仪器

电子分析天平、磁力搅拌器、烧杯、量筒、移液管、吸管、温度计、水浴锅、铁架台、烧杯夹、锥形瓶、容量瓶、滴液漏斗、玻璃棒、保鲜薄膜、橡皮筋、布氏漏斗、抽滤瓶、多循环水泵、培养皿、真空干燥箱、超声波仪等；场发射扫描电子显微镜、傅里叶变换红外光谱仪、紫外-可见分光光度计、宽角 X 射线衍射仪、四探针测试仪。

2. 实验试样与试剂

苯胺、过硫酸铵、盐酸、N-甲基吡咯烷酮、N,N-二甲基甲酰胺、甲酸、孔雀石绿为分析纯，刚果红、橙黄和亚甲基蓝为指示剂，苋菜红为生物染色剂，溴化钾为光谱纯。以上试剂均购自国药集团化学试剂有限公司。木质素磺酸钠，工业级，直接使用。

四、实验步骤

1. 实验预习和准备

开始实验前，应做好预习和准备工作：查阅文献，了解苯胺单体的物理化学性质及实验安全注意事项；了解聚苯胺的研究现状及其化学氧化聚合方法；了解影响聚苯胺结构和性能的主要合成参数，设计实验参数；了解聚苯胺及其复合物的结构及性能的表征方法，了解实验测试仪器的原理和使用方法；学习 ChemBio Office、Origin 等实验软件的使用方法。

2. 聚苯胺/木质素磺酸复合物的制备

读者可以自行设计实验方案进行聚苯胺/木质素磺酸复合物的制备。实验方案中，苯胺单体的摩尔浓度可以设置为 0.25～0.5mol/L；苯胺单体与引发剂的摩尔比可以设置为 0.25～2.0；反应介质盐酸水溶液的浓度范围可以为 1.0～2.0mol/L；反应温度可以为 -5～30℃；反应时间可以取 16～24h。

具有代表性的制备过程如下。

反应条件：以苯胺为单体，木质素磺酸盐为分散剂，1.0mol/L 盐酸水溶液为反应介质，过硫酸铵为引发剂，通过化学氧化聚合法合成聚苯胺/木质素磺酸复合物。

① 准确称取 0.207g 木质素磺酸钠（木质素磺酸钠/苯胺质量比为 1:9）置于 250mL 干燥洁净烧杯中；加入 70mL 的 1.0mol/L 盐酸水溶液，搅拌使其充分溶解。

② 用移液管准确量取 1.83mL 苯胺加入步骤①的溶液中，并搅拌使其均匀，得到苯胺和木质素磺酸钠的混合溶液 A；将其置于 25℃水浴中恒温 30min。

③ 另准确称取 4.564g 过硫酸铵加入 100mL 烧杯中。加入 30mL 的 1.0mol/L 盐酸水溶液，搅拌使其充分溶解，得过硫酸铵溶液 B，置于 25℃水浴中恒温 30min。

④ 当溶液充分恒温后，将过硫酸铵溶液 B 以每滴 3s 的速度加入苯胺和木质素磺酸钠的混合溶液 A 中。以引发剂开始滴加为起点，记录反应溶液的温度变化；滴加结束后，将此混合液在磁力搅拌条件下于 25℃水浴中恒温反应 24h。

⑤ 反应结束后，反应液用布氏漏斗真空过滤，经反复水洗后，滤饼置于已称重的培养皿中，于 60℃烘箱中，干燥处理 72h，得到粉末样品。称重，计算产率。

3. 聚苯胺/木质素磺酸复合物的表征

① 形貌分析。将洗涤干净的聚苯胺/木质素磺酸复合物分散液滴在单晶硅片上，烘干后采用 Ultra 55 扫描电子显微镜观察试样形貌。

② 结构分析。采用 Nicolet 5700 型傅里叶变换红外光谱仪、Lambda 950 型紫外-可见分光光度计、Rigaku D/max Ultima Ⅲ X 射线粉末衍射仪分析聚苯胺/木质素磺酸复合物的结构。

③ 溶解性能测定。取少量粉末样品分别置于 4 个 25mL 的称量瓶中，然后分别加入 1～

2mL 溶剂（N-甲基吡咯烷酮、N,N-二甲基甲酰胺、甲酸、浓硫酸），室温下搅拌使其溶解；24h 后，记录聚合物在不同溶剂中的溶解性以及溶液的颜色。

④ 导电性能测定。将聚合物粉末压片后，在 20℃下采用 SX1934 型数字式四探针测试仪测定试样的电阻，计算其电导率。

4. 聚苯胺/木质素磺酸复合物的染料吸附性能

（1）标准曲线的绘制

分别配制刚果红、苋菜红、橙黄、孔雀石绿和亚甲基蓝的 1g/L 储备水溶液。对以上 5 种染料溶液，分别各配制浓度为 0.1mg/L、0.2mg/L、0.4mg/L、0.6mg/L、0.8mg/L、1mg/L、2mg/L、3mg/L、4mg/L、6mg/L、7mg/L、8mg/L、9mg/L 及 10mg/L 的标准溶液，采用紫外-可见分光光计测量其吸光度（刚果红、苋菜红、橙黄、亚甲基蓝、孔雀石绿，在测量时最大吸收波长分别为 499nm、520nm、484nm、664nm 及 620nm），然后分别绘制吸光度与浓度的关系曲线，得到 5 种染料溶液的标准曲线。

（2）聚苯胺/木质素磺酸复合物对不同染料的吸附性能实验

探究吸附剂聚苯胺/木质素磺酸复合物对以上 5 种染料的吸附性能。分别向 5 支 50mL 锥形瓶中加入 50mg 的聚苯胺/木质素磺酸复合物吸附剂，并分别取 25mL 初始浓度为 50mg/L 的染料溶液于 50mL 锥形瓶中，超声振荡 3min 后密封放在 30℃的恒温水浴锅中吸附 6h。吸附结束后，将溶液过滤得到滤液，以紫外-可见分光光度计测量滤液的吸光度。

（3）聚苯胺/木质素磺酸复合物对刚果红吸附性能的影响实验

实验步骤同上述"聚苯胺/木质素磺酸复合物对不同染料的吸附性能实验"小节，依次改变以下影响因素，研究聚苯胺/木质素磺酸复合物对刚果红（CR）的吸附性能。

吸附时间的影响实验：在 30℃的恒温水浴锅中，吸附时间分别为 0.5h、1h、2h、3h、4h、6h，测试吸附时间对 CR 吸附性能的影响。

吸附剂浓度的影响实验：分别取聚苯胺/木质素磺酸复合物的浓度为 0.4g/L、0.8g/L、1.2g/L、1.6g/L、2g/L，在 30℃的恒温水浴锅中吸附 6h，测试吸附剂浓度对 CR 吸附性能的影响。

刚果红浓度的影响实验：在 30℃的恒温水浴锅中，改变 CR 浓度（10~600mg/L），测试刚果红浓度对 CR 吸附性能的影响。

吸附温度的影响实验：分别在 25℃、30℃和 40℃的恒温水浴锅中吸附 6h，测试吸附温度对 CR 吸附性能的影响。

（4）实验数据计算

将测定得到的滤液的吸光度，根据所得染料溶液的标准曲线计算滤液中染料的剩余浓度。聚苯胺/木质素磺酸复合物对染料的吸附容量（Q）和吸附率（q）分别用式（30-1）和式（30-2）来计算：

$$Q = V(c_0 - c)/m \qquad (30\text{-}1)$$
$$q = (c_0 - c)/c_0 \times 100\% \qquad (30\text{-}2)$$

式中，Q 为吸附容量，即单位质量聚苯胺/木质素磺酸复合物对染料的吸附容量，mg/g；c_0 和 c 分别为染料的初始浓度和吸附平衡时的剩余浓度，mg/L；V 为染料溶液的体积，L；m 为吸附剂的质量，g；q 为吸附率，即染料的去除率，%。

五、数据记录与处理

1. 聚苯胺/木质素磺酸复合物反应液温度随时间的变化曲线及其产率

以引发剂开始滴加时为起点，作出聚苯胺合成初始阶段反应液温度随时间的变化曲线，要求至少要与选取不同合成参数的其他 2 个实验小组的数据进行对比。通过与其他 2 个实验小组的数据对比分析，讨论不同实验参数对苯胺合成过程的影响规律，加深对苯胺放热聚合过程的理解。

计算聚苯胺/木质素磺酸复合物的产率，至少与选取不同合成参数的其他 2 个实验小组的数据做图表对比，并分析、讨论造成产率差异的原因。

2. 聚苯胺/木质素磺酸复合物的表征

对获得的聚苯胺/木质素磺酸复合物进行结构和形貌分析，绘制聚苯胺/木质素磺酸复合物的红外光谱图、紫外-可见光谱图、宽角 X 射线衍射曲线。通过不同实验小组数据的对比分析，使读者理解合成参数对聚合物结构、形貌和性能的影响，以便反馈到实验参数的选取环节，加深读者对实验研究过程基本思路的理解和掌握，以培养对高分子化学、高分子物理和功能高分子基础知识的综合运用能力。

3. 聚苯胺/木质素磺酸复合物的染料吸附性能

（1）分析聚苯胺/木质素磺酸复合物对不同染料的选择吸附性能

本实验中，分别探究吸附剂聚苯胺/木质素磺酸复合物对刚果红、苋菜红、橙黄、亚甲基蓝、孔雀石绿 5 种染料的吸附性能，其中前 3 种染料属于阴离子染料，后 2 种属于阳离子染料。由于聚苯胺/木质素磺酸复合物是在盐酸介质中制备得到，其中的聚苯胺成分处于掺杂态，即分子链上带有阳离子中心，而木质素磺酸结构上则带有部分阴离子磺酸基团。因此，该复合物对这些染料的吸附具有选择性。

通过聚苯胺/木质素磺酸复合物对 5 种染料的吸附性能研究，分析其对不同种类染料的选择性吸附信息。

（2）分析聚苯胺/木质素磺酸复合物对 CR 的吸附性能

分别分析吸附时间、吸附剂浓度、吸附温度、刚果红浓度条件下聚苯胺/木质素磺酸复合物对 CR 的吸附性能的影响。

六、注意事项

1. 苯胺单体有毒性，量取单体时应在通风橱中进行。量取单体后，应将试剂瓶盖好，放回原处。

2. 苯胺单体遇到盐酸溶液会挥发气体，聚合反应要在通风橱中进行。

3. 木质素磺酸钠对苯胺单体的聚合过程有一定阻聚作用。为了控制产物的产率，应注意控制木质素磺酸钠的添加比例。

4. 实验中染料废液应倒入废液桶，不可直接倾入水槽。

七、思考题

1. 聚苯胺的结构和性能特点有哪些？

2. 化学氧化聚合法合成聚苯胺时，其影响因素有哪些？如何影响？

3. 聚合参数对聚合物的形貌和结构有何影响？

4. 复合物中木质素磺酸的存在如何影响复合物的染料吸附性能？

实验 31　聚苯胺及其复合物的制备、表征与银离子吸附还原性能

一、实验目的

1. 了解苯胺单体原料与其物理化学性质及实验安全注意事项。

2. 掌握聚苯胺及其复合物的化学氧化聚合方法。
3. 掌握聚苯胺及其复合物结构、形貌及性能表征的方法，实验测试仪器及其操作。
4. 掌握聚苯胺及其复合物的银离子吸附还原性能的实验方法。
5. 能够使用分析软件对实验数据进行处理和分析。

二、实验原理

由于工业发展和生活的需要，许多含重金属离子的废水和废液被排放到大气和水中，危害着生态环境安全和人类健康。其中，银已被广泛应用于电子、电镀、化学化工等工业领域，随之产生了大量的含银废水和废液。若能合理利用这些含银废水和废液，不仅能够减少环境污染，而且其中贵金属银单质的回收能够产生可观的经济效益。

聚苯胺具有原料廉价易得、合成方法简便等优点；同时，聚苯胺的分子中含有大量的亚氨基。该基团具有良好的重金属离子吸附性能，可以与重金属离子发生络合反应或离子交换，也可与一些重金属离子（如银离子、金离子、钯离子等）发生氧化还原反应，使得这些重金属离子被还原为单质金属，从而可以实现重金属离子的回收与再利用。

木质素是一种存在于生物质中的天然高分子，其衍生物酶解木质素和木质素磺酸的分子结构中因含有大量的羟基、羧基、甲氧基或磺酸基等官能团而被广泛用作重金属离子吸附剂。酶解木质素是从微生物酶解生物质原料制备生物乙醇、功能性多糖以及生物天然气的残渣中提取得到的天然高分子，而木质素磺酸则是从造纸黑液中分离提取得到的带有磺酸基团的产物，二者均具有来源丰富、可再生的优点。

以苯胺单体、酶解木质素和木质素磺酸为原料，采用原位聚合法分别制备聚苯胺、聚苯胺/木质素磺酸复合物、聚苯胺/酶解木质素复合物，所得产物仍然具有对重金属离子的吸附还原性能（图 31-1）。但是，由于聚苯胺与其复合物结构上的差异，使得它们单独作为重金属离子吸附剂使用时，呈现的性能也有很大不同，从而可加深读者对高分子材料结构与性能之间关系的理解。

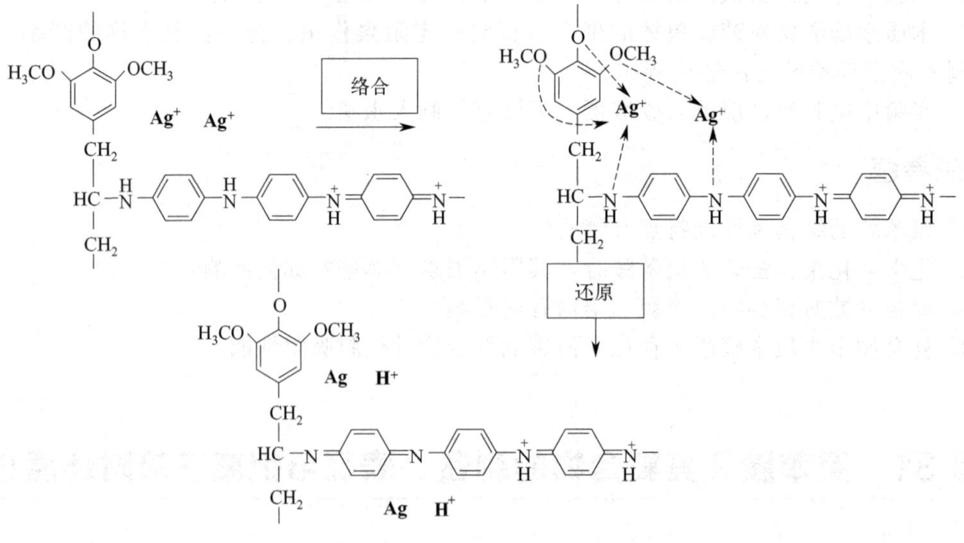

图 31-1　聚苯胺/酶解木质素复合物对银离子的吸附还原

三、实验仪器、试样与试剂

1. 实验仪器

（1）主要合成仪器

电子天平、250mL 烧杯、100mL 烧杯、10mL 和 100mL 量筒、玻璃棒、移液管（2.0mL、1.0mL）、吸管、温度计、水浴锅、铁架台、烧杯夹、保鲜薄膜、橡皮筋、布氏漏斗、抽滤瓶、真空泵、培养皿、载玻片等。

（2）测试仪器

采用傅里叶变换红外光谱仪、紫外-可见分光光度计、宽角 X 射线衍射仪、场发射扫描电子显微镜、透射电镜等分析产物的结构和形貌。采用热分析系统在氮气气氛中对样品进行热重分析。

2. 实验试样与试剂

苯胺、过硫酸铵、氨水、硝酸银、氯化钾、铬酸钾均为分析纯，N-甲基吡咯烷酮为化学纯，以上试剂均购自国药集团化学试剂有限公司。酶解木质素，工业级，使用前提纯。木质素磺酸钠，工业级，直接使用。

四、实验步骤

1. 实验方案设计

查阅文献资料后自己设计实验配方及实验参数。聚苯胺及其复合物制备过程需要考虑聚合体系大小、苯胺单体浓度、苯胺/酶解木质素（或木质素磺酸）质量比、引发剂用量（引发剂/苯胺摩尔比）、反应介质浓度、反应温度及时间、加料顺序等因素。

2. 反应介质溶液的配制

1.0mol/L 盐酸水溶液由浓度为 37% 的浓盐酸稀释得到；0.01mol/L、0.1mol/L、0.2mol/L 氨水溶液分别由浓氨水配制。

3. 聚苯胺及其复合物的制备（每个实验组选择聚苯胺或一种复合物进行制备）

（1）聚苯胺的制备

在静态条件下，以苯胺为单体，去离子水、1.0mol/L 盐酸或者 0.1mol/L 碱性氨水溶液为反应介质，过硫酸铵为引发剂，通过化学氧化聚合法制备聚苯胺。

一个典型的聚苯胺制备过程如下。

准确量取 70mL 的 1.0mol/L 盐酸水溶液置于 250mL 干燥洁净烧杯中，加入 1.86g（1.83mL）苯胺单体，将单体搅拌均匀后在 25℃水浴中恒温 30min。另称取 4.56g 过硫酸铵溶解于 30mL 的 1.0mol/L 盐酸水溶液中，将溶液置于 25℃水浴锅中恒温 30min。当溶液充分恒温后，将过硫酸铵溶液一边搅拌一边逐滴加入单体溶液中，溶液混合均匀后在 25℃下反应 24h。反应结束后，将产物过滤、反复水洗至滤出液为无色，再将滤饼置于已称重的培养皿中，在 60℃真空干燥箱中干燥至恒重，得到聚苯胺粉末。

（2）聚苯胺/酶解木质素复合物的制备

在静态条件下，以苯胺为单体，酶解木质素（EHL）为分散剂，酶解木质素/苯胺质量比可设置为 5%～20%（质量分数）；反应介质可以选取 0.01mol/L、0.1mol/L 或 0.2mol/L 碱性氨水溶液，以过硫酸铵为引发剂，通过化学氧化聚合法制备聚苯胺。

一个典型的聚苯胺/酶解木质素复合物制备过程如下。

准确称取 0.467g EHL 置于 250mL 干燥洁净烧杯中，加入 50mL 的 0.1mol/L 的氨水溶液，待 EHL 全部溶解后加入 1.86g（1.83mL）苯胺单体，将单体混合均匀后在 25℃水浴中恒温 30min。另称取 4.56g 过硫酸铵溶解于 50mL 的 0.1mol/L 的氨水溶液中，将溶液置于25℃水浴锅中恒温30min。当溶液充分恒温后，将过硫酸铵溶液倾倒入单体溶液中，溶液混合均匀后在25℃下反应24h。反应结束后，将产物过滤、反复水洗至滤出液为无色，再将滤饼置于已称重的培养皿中，在60℃真空干燥箱中干燥至恒重，得到聚苯胺/酶解木质素复合物粉末。

（3）聚苯胺/木质素磺酸复合物的制备

在静态条件下，以苯胺为单体，木质素磺酸（LS）为分散剂，木质素磺酸/苯胺质量比可设置为5%～20%（质量分数）；反应介质为1.0mol/L盐酸水溶液，以过硫酸铵为引发剂，通过化学氧化聚合法制备聚苯胺/木质素磺酸复合物。

一个典型的聚苯胺/木质素磺酸制备过程如下。

准确称取0.207g LS置于250mL干燥洁净烧杯中，加入70mL的1mol/L的盐酸水溶液，待LS全部溶解后加入1.86g（1.83mL）苯胺单体，将单体混合均匀后在25℃水浴中恒温30min。另称取4.56g过硫酸铵溶解于30mL的1mol/L的盐酸水溶液中，将溶液置于25℃水浴锅中恒温30min。当溶液充分恒温后，将过硫酸铵溶液倾倒入单体溶液中，溶液混合均匀后在25℃下反应24h。反应结束后，将产物过滤、反复水洗至滤出液为无色，再将滤饼置于已称重的培养皿中，在60℃真空干燥箱中干燥至恒重，得到聚苯胺/木质素磺酸复合物粉末。

4. 银离子吸附还原实验

以聚苯胺或聚苯胺/酶解木质素或聚苯胺/木质素磺酸复合物为还原性吸附剂，去离子水为分散介质，硝酸银溶液为模拟含银废水。在静态条件下，使银离子吸附在聚苯胺或聚苯胺/酶解木质素或聚苯胺/木质素磺酸复合物吸附剂表面，使银离子被还原为银单质。

一个典型的银离子吸附还原实验过程如下。

称取50mg干燥的聚苯胺固体粉末置于50mL烧杯中，用移液管移取25mL初始浓度为0.05mol/L的硝酸银溶液至上述烧杯中，搅拌均匀或者超声处理5min后，将吸附溶液置于25℃恒温水浴中静态吸附还原4h。吸附还原实验完成后，仔细观察反应溶液的变化，对于有明显单质银析出的反应溶液拍摄电子照片，记录实验现象。

将拍照后的反应溶液用滤纸过滤，得到还原产物，并对还原产物拍摄电子照片，记录产物信息。将还原产物置于已称重的培养皿中，于60℃烘箱中干燥处理12h，称重、计算还原产率；随后样品装入洁净、干燥的样品瓶中待用。

将硝酸银滤液置于酸式滴定管中，以铬酸钾为指示剂，放入溴化钾标准溶液中呈淡黄色，将酸式滴定管中的硝酸银溶液滴入缓慢振荡的溴化钾标准溶液中。当整个溶液呈砖红色时，表明到达滴定终点，银离子的吸附容量和吸附率分别按照式（31-1）和式（31-2）计算得出。

$$Q = \frac{(c_0 - c)VM}{W} \tag{31-1}$$

$$q = \frac{c_0 - c}{c_0} \times 100\% \tag{31-2}$$

式中，Q为银离子的吸附容量，mg/g；q为银离子的吸附率，%；c_0为银离子的初始浓度，mol/L；c为平衡时银离子的浓度，mol/L；V为滴定所用的吸附溶液体积，mL；M为银的摩尔质量，g/mol；W为吸附剂的加入量，g。

5. 聚苯胺及其复合物的表征

（1）红外光谱测试

采用傅里叶变换红外光谱仪对聚苯胺及其复合物、银离子吸附还原产物进行测试。

（2）紫外-可见光谱测试

采用紫外-可见分光光度计，以 N-甲基吡咯烷酮或 N,N-二甲基甲酰胺为溶剂，对聚苯胺及其复合物进行测试。

（3）宽角 X 射线衍射分析

采用宽角 X 射线衍射仪测试聚苯胺及其复合物、银离子吸附还原产物的结构。

（4）形貌分析

采用扫描电子显微镜观察聚苯胺及其复合物与吸附产物的形貌，采用透射电镜观察吸附产物的形貌。

五、数据记录与处理

1. 聚苯胺或聚苯胺复合物反应液温度随时间的变化曲线及其产率

（1）绘制反应液温度随时间的变化曲线

以引发剂开始滴加时为起点，作出聚苯胺或聚苯胺复合物制备初始阶段反应液温度随时间的变化曲线，要求与同系列仅有一个制备参数变量的其他 2 个实验小组的数据进行对比。通过数据分析，讨论不同实验参数对苯胺或其复合物制备过程的影响。

（2）计算聚苯胺或其复合物的产率

要求与同系列仅有一个制备参数变量的其他 2 个实验小组的数据进行对比，并分析、讨论造成产率差异的原因。

2. 聚苯胺及其复合物的表征

绘制产物的红外光谱图、紫外-可见光谱图、宽角 X 射线衍射曲线，处理产物的形貌分析结果图片，并结合文献资料对其结果进行讨论、分析。

通过聚苯胺及其复合物的不同实验小组数据的对比分析，使读者理解制备参数对聚合物结构和形貌的影响，以便反馈到实验参数的选取环节，培养读者对实验研究过程基本思路的理解和掌握。

3. 聚苯胺及其复合物的银离子吸附还原性能

（1）银离子吸附过程实验现象分析

描述实验过程中吸附溶液的变化情况，说明银离子被还原的过程快慢情况，对比不同吸附剂之间银离子被还原情况的差异。

（2）分析不同产物聚苯胺及其复合物的银离子吸附还原性能

绘制银离子吸附产物的红外光谱图、宽角 X 射线衍射曲线，处理吸附产物的形貌分析结果图片，并结合文献资料，对其结果进行讨论、分析。

本实验还分别探究吸附剂聚苯胺、聚苯胺/木质素磺酸复合物、聚苯胺/酶解木质素复合物对银离子吸附性能的影响。由于木质素磺酸结构上带有部分阴离子磺酸基团，酶解木质素为非离子型表面活性剂，使得制备产物聚苯胺及其两种复合物的结构存在很大差异，因而对银离子的吸附还原性能也有很大不同。

将实验结果与文献中聚苯胺或其复合物的银离子吸附还原产物的红外光谱图、宽角 X 射线衍射峰、形貌进行对比分析，理解不同产物对银离子吸附还原性能的影响差异，让读者了解研制新型高分子材料的创新过程，以培养其对高分子化学、高分子物理和功能高分子基础知识的综合运用能力。

六、注意事项

1. 苯胺单体有毒性，量取单体时应在通风橱中进行。量取单体后，应将试剂瓶盖好，放回原处。

2. 苯胺单体遇到盐酸溶液会挥发气体，聚合反应要在通风橱中进行。

3. 苯胺聚合过程为放热过程。为避免爆聚，应注意控制单体浓度、聚合反应温度、引发剂浓度及其溶液滴加速度、搅拌速度。

4. 实验中含银离子废液应倒入废液桶，不可直接倾入水槽。

七、思考题

1. 聚苯胺的结构和性能特点有哪些？

2. 聚苯胺可以应用于哪些领域？为什么？

3. 聚合参数对聚合物的形貌和结构有何影响？

4. 造成不同聚合产物对银离子吸附还原性能差异的原因是什么？

实验 32　橡胶的配方设计、制备工艺及综合性能测试

一、实验目的

1. 掌握橡胶的配方设计、各组分的作用原理及加工方法。

2. 掌握橡胶的塑炼、混炼以及模压成型的意义和原理，掌握橡胶加工设备的操作方法及安全措施。

3. 熟练掌握橡胶的硫化特性、力学性能（拉伸强度、断裂伸长率、撕裂强度等）、硬度等的测试方法，了解硫化仪、万能试验机、硬度计等的工作原理及操作方法。

4. 根据工程实际问题，提出硫化橡胶制备与性能测试的具体实验方案，确定合理的工艺条件与测试条件。

5. 具有团队协作能力和专业交流沟通能力，学习实验数据的分析方法，掌握相关数据处理的知识。

二、实验原理

橡胶是指具有可逆形变的高弹性聚合物材料，在室温下富有弹性，在很小的外力作用下能产生较大形变，除去外力后能恢复原状。橡胶分为天然橡胶与合成橡胶两种。天然橡胶是从橡胶树、橡胶草等植物中提取胶质后加工制成；合成橡胶则由各种单体经聚合反应而得。橡胶制品广泛应用于工业或生活各方面。橡胶制品成型前的准备工艺包括原材料处理、生胶的塑炼、配料和胶料的混炼、橡胶硫化等工艺过程，也就是按照配方规定的比例将生胶和配合剂混合均匀，制成混炼胶的过程。最后，通过测试性能来综合评价橡胶的使用性能。

1. 橡胶配方设计

根据橡胶配方设计的目的和要求，一般配方设计应遵守以下技术原则。

（1）针对性

首先判断橡胶制品的使用条件和性能要求，确定合理的性能指标；然后有针对性地进行配方设计，合理选用胶种和需用的配合剂种类与用量，以发挥最大效用。

（2）考虑主要性能并兼顾综合性能

根据制品的性能指标要求，首先满足其主要性能要求，如强度、模量、磨耗、弹性、生热、屈挠疲劳和老化等；同时，考虑其他性能的综合平衡，不能偏废。

（3）整体配合

橡胶制品由几种部件复合而成，在部件胶料配方设计时，既要考虑该部件胶料本身的性能要求，还应重视所有部件在性能、加工工艺上的相互匹配，以获得最佳的整体配合效果。

（4）橡胶配合剂及其相互作用

要注意橡胶、配合剂各自联系和彼此间的相互作用，是相互抑制，还是加和作用或协同效应。

（5）适应性和安全性

胶料配方设计要考虑当前的生产工艺过程和设备条件以适应这些生产条件；同时，还应注意胶料加工操作的安全性。

在配方设计中还应考虑以下两方面的配合技术。

（1）胶料配合要满足加工要求

黏度控制：对于原料聚合物品种类型，正确选择黏度水平以保证满意的混炼和加工特性是很重要的。聚合物的黏度水平一般以门尼黏度表示。标称门尼黏度为 50，对容易混炼和加工高填充剂量或海绵生产则为门尼黏度 30；若为配制加工需要一定水平的未硫化胶强度时，门尼黏度为 100 的，则用油稀释。

对开炼机的黏结：在开炼机混炼、出片或压延机出片作业时，会有胶料黏结辊筒表面的问题，需要采用利于隔离的添加剂；而对于脂肪酸或其衍生物，微晶蜡或低分子量聚乙烯是有用的添加物，可用于控制黏结作用。但在丁腈橡胶中要小心使用，因有限的相容性会产生喷出或胶料缺乏聚结的问题。

早期硫化或焦烧的避免：橡胶在混炼和加工过程中由于产生热效应会引起早期硫化或焦烧问题。因此，需要延迟作用的硫化体系时，应降低早期硫化现象。对天然橡胶或丁苯橡胶，硫黄硫化时通常还应配合使用次磺酰胺类促进剂。

（2）对硫化胶性能的配合

硬度与模量：为提高橡胶的硬度与模量，可在橡胶中添加颗粒填料；为降低硬度，可使用软化剂和增塑剂。

弹性：天然橡胶、氯丁橡胶、顺丁橡胶等硫化胶有高的回弹性，配入颗粒填料会逐渐降低回弹性，特别是对炭黑和白炭黑作用更为显著。

强度：使用拉伸结晶的橡胶如天然橡胶、氯丁橡胶在相对低硬度下易获得最高拉伸强度；其他如丁苯橡胶、顺丁橡胶和丁腈橡胶纯胶强度低，要求加入细粒子补强材料，以产生最大强度且提高伸长模量和硬度。

耐磨性：一般配入较小粒子炭黑如高耐磨炉黑、中超耐磨炉黑等橡胶后耐磨性会提高，适宜量为 50 份；非炭黑填料也相似，补强白炭黑最好耐磨性是粒径为 20nm。以天然橡胶、丁苯橡胶为基础硫化胶，并用少量顺丁橡胶，耐磨性可得到相当大的改善。

抗撕裂：补强白炭黑可给予橡胶高撕裂强度，白炭黑优于补强炭黑。

2. 橡胶的塑炼

在橡胶加工过程中，对生胶的可塑性有一定要求。而有些生胶很硬、黏度很高，缺乏基本和必要的工艺性能——良好的可塑性。因此，为了满足工艺的要求，必须进行塑炼。

橡胶低温塑炼的机理是机械塑炼。生胶在开放式炼胶机的辊筒上，直接受到机械力的反复作用，橡胶分子链在剪切力的作用下沿着流动方向舒展，产生局部应力集中，致使分子链发生断裂。断裂的分子链形成了活性自由基。这些活性自由基与周围的氧或其他自由基接受体结合而稳定，形成了较短的分子，从而增加生胶的可塑度，即：

$$R-R \longrightarrow 2R\cdot \qquad (32\text{-}1)$$

$$R+O_2 \longrightarrow ROO\cdot \qquad (32\text{-}2)$$

在机械塑炼中，生胶的黏度随着温度的降低而增大，作用到生胶的剪切力相应增大，使生胶分子断裂的作用也加强，可塑度的增加也就加快。因此，在机械塑炼中，一般采用较低的辊温进行，因而称为低温塑炼。

经过塑炼的生胶，可塑度得到很大提高，此时容易与配合剂混合，便于压延、压出，所得模型花纹清晰、形状稳定，增加了压型、注压胶料的流动性，并能提高胶料的溶解性和黏性。经过塑炼的生胶在混炼时，能和活性填充剂、硫化促进剂等发生化学反应，对硫化速度和结合凝胶的生成量也产生一定影响。另外，生胶经过塑炼后，质地均一，对硫化胶的力学性能也有所改善，故塑炼是橡胶加工中的基础工艺之一，也是其他加工过程的基础。

3. 橡胶的混炼

为了使橡胶制品符合性能的要求，改善加工工艺性能，降低成本，必须在生胶中加入各种配合剂。在炼胶机上，将各种配合剂加入生胶中制成混炼胶的工艺过程称为混炼。混炼胶料的质量决定了胶料的进一步加工和成品质量。混炼不好，胶料会出现配合剂分散不均、胶料可塑度过高或过低、焦烧、喷霜等现象，使压延、挤出、硫化等工序不能正常进行，导致成品性能下降，故混炼是橡胶加工过程中的重要工作之一。

混炼时，胶料通过辊筒受到压缩和剪切作用，使配合剂与橡胶产生轴向混合作用，而在纵深方面（即胶料厚度方向）的混合作用很小。但由于在辊缝上方保持一定的堆积胶，当包在辊上的胶料进入堆积胶时，受到阻力而拥塞，折叠起来形成波纹，使加入的配合剂进入波纹中而被拉入堆积胶内部。但其不能达到包辊胶的全部纵深，而只能达到1/3处。这层胶称为活层，而余下的2/3无配合剂进入，称为死层。这样就构成了胶料在周向的混合均匀度高，在轴向的混合均匀度不固定，故混合均匀度最差。为了弥补机械作用的不足，在工艺上采用必要的切割翻炼，以便使死层的胶料被轮番地带到堆积胶顶部，进入活层。这样就使配合剂均匀地分散到生胶中，达到混炼的目的。

4. 橡胶的硫化

硫化是在一定温度、时间和压力条件下，使混炼胶的大分子进行交联，使链状分子变成立体网状结构分子的过程。可使橡胶塑性消失，而弹性增加，并提高了其他力学性能和化学性能，成为具有实用价值的硫化胶。硫化是橡胶制品加工的最后一道工序，硫化效果的好坏直接影响制品性能，因此应严格控制硫化工艺条件。

橡胶的硫化工艺可以改善橡胶制品性能：橡胶在未硫化之前，分子之间没有产生交联，因此缺乏良好的物理力学性能，实用价值不大。当橡胶加入硫化剂以后，经热处理或其他方式能使橡胶分子之间产生交联，形成三维网状结构，从而使其性能大大改善，尤其是橡胶的定伸应力、弹性、硬度、拉伸强度等一系列物理力学性能都会大大提高。

5. 橡胶拉伸性能测试

任何橡胶制品都是在一定外力条件下使用，因而要求橡胶具有一定的物理力学性能，其中最重要的是拉伸性能。在进行成品质量检查、设计胶料配方、确定工艺条件，以及判断橡胶耐老化、耐介质性能时，一般均需通过拉伸性能予以鉴定。因此，拉伸性能为橡胶重要常规项目之一。部分拉伸性能术语包括如下（见图 32-1）。

① 拉伸应力 S（tensile stress）：拉伸试样所施加的应力，其值为所施加的力与试样的初始横截面积之比。

② 定伸应力 S_e（tensile stress at a given elongation）：将试样的试验长度部分拉伸到给定伸长率所需的应力。

③ 拉伸强度 TS（tensile strength）：试样拉伸至断裂过程中的最大拉伸应力。

④ 伸长率 E（elongation percent）：由于拉伸所引起的试样形变，其值为试样伸长的增

量占初始长度的百分比。

⑤ 定应力伸长率 E_s（elongation at a given stress）：试样在给定应力下的伸长率。

⑥ 拉断伸长率 E_b（elongation at break）：试样在断裂时的百分比伸长率。

⑦ 断裂拉伸强度 TS_b（tensile strength at break）：拉伸试样在断裂时的拉伸应力。如果在屈服点以后，试样继续伸长并伴随着应力下降，则 TS 和 TS_b 的值不相同，TS_b 小于 TS。

⑧ 屈服点拉伸应力 S_y（tensile stress at yield）：应力-应变曲线上出现应变进一步增加而应力不增加的第一个点对应的应力。

⑨ 屈服点伸长率 E_y（elongation at yield）：应力-应变曲线上出现应变进一步增加而应力不增加的第一个点对应的应变（伸长率）。

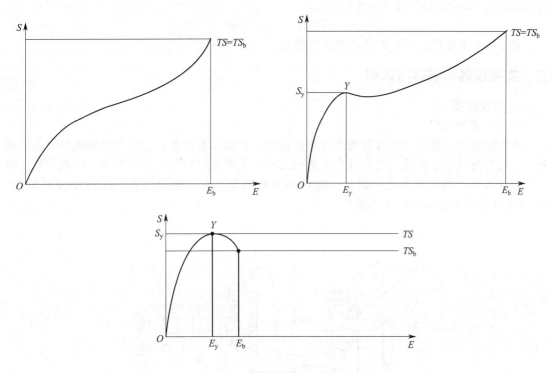

图 32-1　部分拉伸性能术语的图示
Y—屈服点

6. 橡胶撕裂性能测试

橡胶的撕裂是由于材料中的裂纹或裂口，由于受力而迅速扩大开裂而导致破坏的现象。过程中会伴有大的弹性形变。试样撕裂时单位厚度所承受的负荷为撕裂强度［式（32-3）］。

$$TS_Z = F/d \tag{32-3}$$

式中，TS_Z 为撕裂强度，MPa；F 为试样撕裂时的最大作用力，N；d 为试样厚度，mm。

7. 橡胶硬度测试

橡胶的硬度值表示其抵抗外力压入即反抗变形的能力，其值大小表示橡胶的软硬程度。根据硫化胶硬度大小可以判断胶料半成品的配炼质量及硫化程度，因而硬度可作为混炼胶快检指标之一；同时，还可间接了解橡胶的其他力学性能。

目前国际上有多种橡胶硬度计，总共可分为两大类：一类是圆锥形平端针压头（压针），如邵氏硬度计；二是圆球形压头，如国际硬度计、赵氏硬度计等。二者的共同点是在一定力的作用下（弹簧或定负荷砝码），测量橡胶的抗压性能。不同的是，除了压针形状不同外，加入负荷的形式不同，前者为动负荷，后者为定负荷。

我国一般测定橡胶硬度采用邵氏硬度，邵氏硬度又分为 A、C、D 等几个型号，邵氏A 为测量软质橡胶，邵氏 C 为测量半硬质橡胶，邵氏 D 为测量硬质橡胶。邵氏硬度计结构简单，操作、携带方便。国际硬度计为负荷固定，测量过程中可减少人为误差，结果精确。

压入硬度是规定测量的压针在一定的条件下压入橡胶的深度，最后换算为一定的硬度单位表示出来的。

如邵氏硬度计测定的是压针压入深度与压针露出长度（2.5mm）之差对压针露出长度比值的百分率，可用式(32-4)表示。

$$T = 2.5 - 0.025h \qquad (32\text{-}4)$$

式中，h 为邵氏硬度；T 为压针压入深度，mm。

三、实验仪器、试样与试剂

1. 实验仪器

（1）双辊开炼机

在实验室中，橡胶的塑炼和混炼通常采用比较小的炼胶设备，一般有开炼机和密炼机两种。选用开炼机时，能明显地看到全部炼胶过程，更换胶料容易，清理方便，故大多数实验室采用开炼机；其又可分为一般式、电加热两种类型。本实验选用 XK-2160 小型开炼机。图 32-2 是实验室开炼机的整体结构。

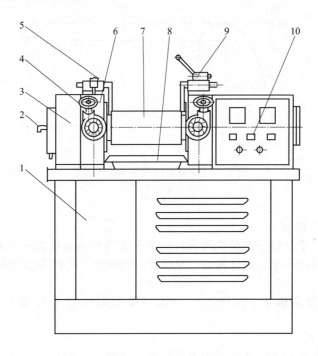

图 32-2　实验室开炼机的整体结构

1—机座；2—进水管；3—速比齿轮；4—调距装置；5—挡胶板；6—机架与横梁；
7—辊筒；8—接料盘；9—安全拉杆；10—控制装置

（2）无转子硫化仪

硫化仪是广泛应用于测定胶料硫化特性的一种橡胶测试仪器，具有连续、快速、精确、方便和用料少等优点。硫化仪能连续、直观地描绘出整个硫化过程的曲线，从而获得胶料硫化过程中的某些主要参数，如诱导时间（起始硫化时间 t_{c10}）、硫化速度（$t_{c10} \sim t_{c90}$）、硫化度及正硫化时间（t_{c90}）。本实验选用 UR-2010SD 型无转子硫化仪。

（3）平板硫化机

实验室中橡胶试样的硫化通常采用型号为 25T、45T、50T 电加热或蒸汽加热平板硫化机。其热板尺寸一般为 350mm×350mm、400mm×400mm、450mm×450mm、500mm×500mm。本实验采用 KSHR100T 平板硫化机。图 32-3 所示为电加热的柱式双层模型制品平板硫化机的基本结构。

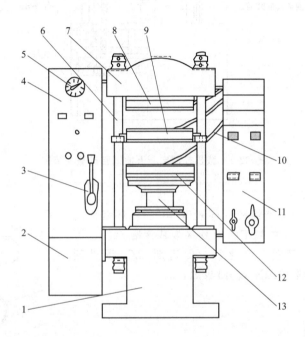

图 32-3　电加热的柱式双层模型制品平板硫化机的基本结构
1—机座；2—油箱和油泵；3—控制阀；4—液压控制装置；5—压力表；
6—立柱；7—上横梁；8—上加热平板；9—下加热平板；10—电热线管；
11—配电柜；12—移动平台和下加热平板；13—柱塞

（4）万能试验机

任何能满足实验要求的、具有多种拉伸速度的万能试验机均可使用。本次实验采用 CMT 系列微机控制电子万能试验机，其基本结构如图 32-4 所示。

（5）硬度计

硬度计按形式可分为台式和手提式。一般实验室多采用台式硬度计，使用支架固定硬度计或在压针轴上用砝码加力使压足和试样接触，或两种方法兼用，可以提高测量准确度。对于邵氏硬度计，A 型推荐使用 1kg 砝码，D 型推荐使用 5kg 砝码加力。台式硬度计是由底座、工作台面、压针、刻度表、砝码和主柱等组成，如图 32-5 所示。本实验采用 A 型邵氏硬度计。

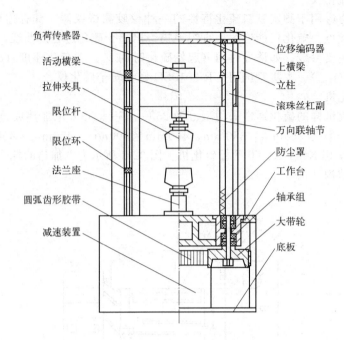

图 32-4 微机控制电子万能试验机基本结构

图中标注（左侧自上而下）：负荷传感器、活动横梁、拉伸夹具、限位杆、限位环、法兰座、圆弧齿形胶带、减速装置

图中标注（右侧自上而下）：位移编码器、上横梁、立柱、滚珠丝杠副、万向联轴节、防尘罩、工作台、轴承组、大带轮、底板

2. 实验试样与试剂

天然橡胶、环氧化天然橡胶（环氧度 40％）、环氧化天然橡胶（环氧度 25％）、羧基丁腈橡胶（羧基含量 7％）、丁腈橡胶、丁苯橡胶、硫黄、氧化锌、促进剂 CZ、促进剂 DM、硬脂酸、防老剂 4010NA、白炭黑。

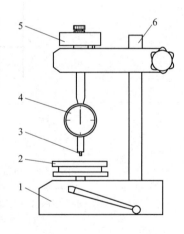

图 32-5 台式硬度计结构
1—底座；2—工作台面；3—压针；
4—刻度表；5—砝码；6—主柱

四、实验步骤

1. 橡胶配方设计

橡胶配方组成和四种配方表示方式见表 32-1。

① 基本配方。以质量份表示的配方，其中规定生胶的总质量份为 100，其他配合剂用量都以相应的质量分数表示。这是最常见的一种配方形式，用于配方设计、配方研究和实验等。

② 质量分数配方。以质量分数（质量百分比）表示的配方，即以胶料总质量为 100％，生胶及各种配合剂均以各自质量分数（质量百分比）来表示。

③ 体积分数配方。以体积分数（体积百分比）表示的配方，即以胶料总体积为 100％，生胶及各种配合剂均以各自体积分数（体积百分比）来表示。这种配方的算法是将基本配方中生胶及各种配合剂的质量份数分别除以各自的密度，求出它们的体积份数，然后以胶料的总体积为 100％，分别计算它们的体积分数（体积百分比）。

④ 生产配方。是指符合生产使用要求的质量配方。生产配方的总质量常等于炼胶机的容量，各种炼胶机的容量可依据有关公式计算或按照实际生产情况统计。

表 32-1 橡胶配方组成和四种配方表示方式

组分	基本配方/质量份	质量分数/%	体积分数/%	生产配方/kg
橡胶	100	63.49	77.26	20.00
硫黄	2.75	1.74	0.99	0.55
促进剂	0.75	0.48	0.38	0.15
氧化锌	5.00	3.17	0.65	1.00
硬脂酸	3.00	1.91	2.21	0.60
防老剂	1.00	0.63	0.61	0.20
炭黑	45.00	28.58	17.90	9.00
合计	157.50	100.00	100.00	31.50

可选用的配方原料见表 32-2,实验配方示例见表 32-3,参考配方的硫化特性参数见表 32-4。参考配方的硫化特性曲线见图 32-6,参考配方的力学性能见表 32-5,参考配方的应力-应变曲线见图 32-7。

表 32-2 可选用的配方原料

项目	种类
可选用橡胶种类	天然橡胶;环氧化天然橡胶(环氧度 40%);环氧化天然橡胶(环氧度 25%);羧基丁腈橡胶(羧基含量 7%);丁腈橡胶;丁苯橡胶
可选用填料	白炭黑;脱硫灰;重钙;轻钙
可选用橡胶助剂	防老剂 4010NA;促进剂 CZ;促进剂 DM;促进剂 M;硬脂酸锌;硬脂酸;氧化锌;硫黄
可完成的性能测试	硫化特性;拉伸强度、断裂伸长率;撕裂强度;硬度;永久形变(可提出其他测试表征手段,将根据实际情况酌情商议)

表 32-3 实验配方示例 单位:质量份

丁苯橡胶	氧化锌	硬脂酸	促进剂 CZ	促进剂 DM	防老剂 4010NA	硫黄
100	5	1.5	1.5	0.5	1.5	1.5

表 32-4 参考配方的硫化特性参数

硫化特性参数	t_{s1}	t_{s2}	t_{c10}	t_{c90}	$M_L/(N \cdot m)$	$M_H/(N \cdot m)$	CRI
参考样	5'6"	5'40"	4'55"	13'50"	0.89	8.14	11.21

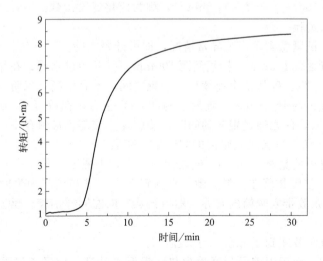

图 32-6 参考配方的硫化特性曲线

表 32-5　参考配方的力学性能

力学性能	拉伸强度/MPa	断裂伸长率/%	100%定伸应力/MPa	300%定伸应力/MPa	撕裂强度/(N·mm)
数值	3.0	578.3	1.1	1.8	9.4

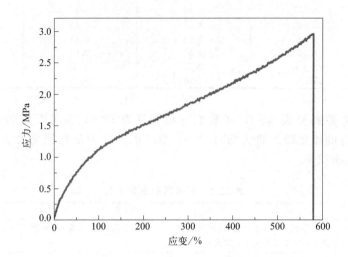

图 32-7　参考配方的应力-应变曲线

现按分组情况，根据给定的参考配方，查阅调研相关文献并设计各组实验配方。要求所设计配方与参考配方有所不同，要有所调整，说明设计思路并且能说明所设计配方预期的性能特点，与参考配方或其他组进行比较。

其中，t_{s1} 为焦烧时间，即从开始加热起，至胶料的转矩由最低值上升到 0.1N·m 所需要的时间（振荡幅度为 1°），min(′) 或 s(″)；t_{s2} 也为焦烧时间，即从开始加热起，至胶料的转矩由最低值上升到 0.2N·m 所需要的时间（振荡幅度为 3°），min(′) 或 s(″)；t_{c10} 为起始硫化时间，从开始加热起，转矩达到 $(M_H-M_L)\times10\%+M_L$ 时所对应的硫化时间，min(′) 或 s(″)；t_{c90} 为正硫化时间，转矩达到 $(M_H-M_L)\times90\%+M_L$ 时所对应的硫化时间，min(′) 或 s(″)；M_L 为最低转矩，N·m；M_H 为到达规定时间之后，所达到的最高转矩，N·m；$CRI=100/(t_{c90}-t_{c10})$，$min^{-1}$，称为硫化速度指数。

2. 橡胶的塑炼实验

① 开机空转，试紧急刹车，无异常情况，即可开始实验。

② 破胶。调节辊距 1.5mm，挡板间距 100mm，打开冷进水阀；在靠近大牙轮的一端操作，以防损坏设备。生胶碎块依次连续投入两辊之间，不宜中断，以防胶块弹出伤人。

③ 薄通。将辊距调到 0.5mm，辊温控制在 45℃左右，挡胶板距 200mm，将破碎胶块在大牙轮的一端加入，使之通过辊筒的间隙，使胶片直接落到接料盘中。当辊筒上无堆积胶时，将胶片扭转 90°角，重新投入辊筒的间隙中，薄通 3～6 次。

④ 捣胶。将辊距放宽至 1.0mm，使胶片包辊后，手握割刀从左向右割至右边缘（不要割断），再向下割，使胶料落在接料盘中，直到辊筒上的堆积胶将消失时才停止割刀。割落的胶随着辊筒上的余胶带入辊筒的右方，然后再从右向左同样割胶。反复操作多次直到达到所需塑炼程度。

⑤ 出片。将辊距放宽到 10mm，一次性出片。

⑥ 辊筒的冷却。由于辊筒受到摩擦生热，辊温要升高，应经常以手触摸辊筒。若感到烫手，则适当通入冷却水，使辊温下降，并保持不超过 50℃。

⑦ 塑炼胶料停放 24h 以上，备混炼用。

3. 橡胶的混炼实验

① 配料。按照配方进行配料，检查开炼机运转情况；调节辊筒温度在 50～60 ℃之间，然后打开冷进水阀，按加料顺序进行加料。

② 包辊。将塑炼胶置于辊缝间，调整辊距使塑炼胶既包辊又能在辊缝上部有适当的堆积胶。经 2～3min 的辊压、翻炼后，使之均匀连续地包裹在前辊上，形成光滑无隙的包辊胶层。取下胶层，放宽辊距至 1.5mm，再把胶层投入辊缝使其包于后辊，然后准备加入配合剂。

③ 吃粉。不同配合剂需按以下顺序分别加入：固体软化剂→促进剂、防老剂和硬脂酸→氧化锌→补强剂和填充剂→液体软化剂→硫黄。在吃粉过程中，每加入一种配合剂后都要捣胶两次。在加入填充剂和补强剂时，要让粉料自然地加入胶料中，使之与橡胶均匀接触混合，而不必急于捣胶；同时，还需逐步调宽辊距，使堆积胶保持在适当范围内。待粉料全部吃进后，由中央处割刀分往两端，进行捣胶操作，促使混炼均匀。

④ 翻炼。在加硫黄之前和全部配合剂加入后，将辊距调至 0.5～1mm，通常用打三角包、打卷或折叠等对胶料进行翻炼 3～4min。待胶料的颜色均匀一致、表面光滑，即可下片。

⑤ 胶料下片。混炼均匀后，将辊距调至适当大小，胶料辊压出片。测试硫化特性曲线的试片厚度为 5～6mm，模压胶板厚度为 2mm。下片后注明压延方向。胶片应在室温下冷却停放 8h 以上时方可进行硫化。

⑥ 炼胶的称量。按配方的加入量，混炼后胶料最大损耗量在总量的 0.6% 以下。若超过这一数值，胶料应予以报废，重新配炼。

4. 橡胶的硫化曲线测定

① 检查设备仪器，整理设备仪器、周边环境，准备相关工具。

② 开机，进行相关参数设定（如方式、温度、时间等）。

③ 将模腔加热到实验温度。如果需要，调整记录装置的零位，选好转矩量程和时间量程。

④ 打开模腔，将试样放入模腔，然后在 5s 以内合模。

⑤ 当实验出现黏结胶料时，可在试样上下衬垫合适的塑料薄膜，以防胶料黏附在模腔上。

⑥ 记录装置应在模腔关闭的瞬间开始计时。模腔的摆动应在合模时或合模前开始。

⑦ 当硫化曲线达到平衡点或最高点或规定的时间后，打开模腔，迅速取出试样。

⑧ 实验结束后，关机、关电、关气等。清理现场并作好相关实验使用记录。

5. 橡胶的平板硫化

① 检查平板硫化机各部分是否正常、清洁，然后将平板硫化机加热到设定温度并恒温。检查模具是否完好、清洁，认真除去残留的胶屑及油污和杂物。

② 把模具放在平板硫化机的平板上，并使之上、下两平板接触预热 20min。

③ 检查胶料是否完好，如发现喷霜现象应回炼。

④ 视模具型腔大小，用剪刀剪取混炼胶料与硫化式样。

⑤ 取出模具，打开模具，进一步检查是否清洁，将实验用模具清理后置于热板上进行预热。从热板上取下模具，打开上模腔，将半成品或胶料加入模具型腔，将上模板放到模具上并置于热板上。注意模具应放置在热板中央位置，防止出现偏载情况。

⑥ 启动油泵电机，升起热板进行合模，在上升时严禁用手或其他东西触及模型或位于平板之间。当压力到达硫化压力时，放压排气 2～4 次。最后一次当压力达到硫化压力时开

始计时，并保压进行硫化。

⑦ 将平板硫化机压力升高到 10MPa 以上，胶料硫化到规定时间为止。

⑧ 卸压后，取出模具，并立即趁热取出硫化胶制品。

⑨ 实验结束后，关闭机器电源，清理模具，涂上机油防锈。

6. 橡胶的力学性能实验

拉伸试样为哑铃状，又可分为 1 型、2 型、3 型、4 型。其中，1 型为通用型。哑铃状和直角形试样见图 32-8，哑铃状试样尺寸见表 32-6。

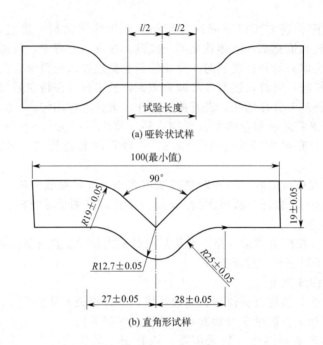

(a) 哑铃状试样

(b) 直角形试样

图 32-8 哑铃状试样和直角形试样

表 32-6 哑铃状试样尺寸   单位：mm

试样类型	试验长度(l)	试样厚度	试样窄部分宽度
1 型	25.0 ± 0.5	2.0 ± 0.2	$6.0_{00}^{+0.4}$
2 型	20.0 ± 0.5	2.0 ± 0.2	4.0 ± 0.1
3 型	10.0 ± 0.5	2.0 ± 0.2	4.0 ± 0.1
4 型	10.0 ± 0.5	1.0 ± 0.1	2.0 ± 0.1

橡胶撕裂强度测定有三种试样：裤形试样、直角形试样、新月形试样。

本实验拉伸试样采用 1 型试样，撕裂样条采用直角形试样。每组试样不少于 5 个，是由多型腔模具注射成型获得的。试样要求表面平整，无气泡、裂纹、分层、伤痕等缺陷。在试样的工作部分印上两条距离为 (25 ± 0.5)mm 的平行线。用测厚仪测量标距内的试样厚度，测量部位为中心处及两标线附近共三点，取其平均值。拉伸性能测试参照国家标准 GB/T 528—2009 的规定。

拉伸实验步骤如下。

① 用模具在硫化好的方形橡胶上压出所需的哑铃状试样。

② 试样编号，分别测量哑铃状试样工作部分的宽度和厚度，精确至 0.01mm。每个试样测量三点，取算术平均值，厚度取最小值。在拉伸哑铃状试样中间平行部分用马克笔和游

标卡尺做标线，标明标距 25mm。

③ 开动主机，调节拉伸速率为规定值后停机。

④ 打开实验软件，选择好联机方向，选择正确的通信口，选择对应的传感器及引伸仪后联机。在实验软件内选择相应的实验方案，包括合适的拉伸速率。

⑤ 将下夹持器移动座上的开合螺母手柄向上提起，使移动座与丝杆脱开，握住移动座操作手柄，使其上升并停在合适位置，将试样的另一端平正地夹在下夹持器中。

⑥ 将上下伸长自动跟踪夹分别夹在标距线上，再将上夹持器制动手柄恢复原位，使上夹持器能摆动，并使其处于自动状态。

⑦ 进入实验窗口，输入实验试样对应的宽度和厚度。先将仪器置于"锁定"，然后在计算机程序上完成清零操作，单击"运行"，自动开始实验。

⑧ 试片拉断后，打开夹具，取出试片。

⑨ 数据记录。立即用游标卡尺测量两标线之间的距离，记录；记录伸长率达到 50％、100％、200％和最大时的拉伸应力。

⑩ 更换试样，重复⑤～⑨步骤，进行其余样条的测试。

⑪ 实验自动结束后，软件显示实验结果，保存拉伸曲线。

撕裂实验步骤如下。

① 用模具在硫化好的方形橡胶上压出所需的直角形状试样。

② 试样编号。分别测量直角形状试样工作部分的宽度和厚度，精确至 0.01mm，厚度取最小值。

③ 开动主机调节拉伸速率为规定值后，停机。

④ 打开实验软件，选择好联机方向，选择正确的通信口，选择对应的传感器及引伸仪后联机。在实验软件内选择相应的实验方案，包括合适的拉伸速率。

⑤ 将下夹持器移动座上的开合螺母手柄向上提起，使移动座与丝杆脱开，握住移动座操作手柄，使其上升并停在合适位置，将试样的另一端平正地夹在下夹持器中。

⑥ 将上下伸长自动跟踪夹分别夹在标距线上，再将上夹持器制动手柄恢复原位，使上夹持器能摆动，并使其处于自动状态。

⑦ 进入实验窗口，输入实验试样对应的宽度和厚度。先将仪器置于"锁定"，然后在计算机程序上完成清零操作，单击"运行"，自动开始实验。

⑧ 试片拉断后，打开夹具，取出试片。

⑨ 更换试样，重复⑤～⑨步骤，进行其余样条的测试。

⑩ 实验自动结束后，软件显示实验结果，保存曲线。

7. 橡胶的硬度测试

① 整理设备仪器、周边环境，准备相关工具。

② 实验前检查硬度计指针是否指于零点（如指针量偏离零位时，可以松动右上角压紧螺丝，转动表面，对准零位），并检查压针压于玻璃面上（压针端面与压脚底面严密接触于玻璃板上），是否指于 $100°$；如不指零位和 $100°$ 时，可轻微按动压针几次进行调零。

③ 将试样置于硬度适中玻璃面上，用定负荷架辅助测定试样的硬度。在试样缓慢地受到 1kgf（1kgf=9.80665N）负荷，硬度计的底面与试样表面平稳地完全接合时，立即读数（1s 内）。

④ 试样上的每一点只准测量一次硬度，点与点间距离不小于 6mm，点与边间距不小于 12mm。

⑤ 每个试样的测量点不少于 5 个，取其中值为实验结果，实验结果精确到整数位。

⑥ 实验结束后，清理现场并做好相关实验使用记录。

五、数据记录与处理

将本组实验结果数据与其他小组实验结果数据进行对比，对以下问题进行分析。

1. 橡胶实验配方对橡胶加工性能的影响（原始数据、计算过程）

根据不同小组配方设计的实验结果，分析在其他变量不变的情况下，配方中某一添加剂含量的改变对橡胶加工性能的影响，并利用参考文献分析其原因。

2. 橡胶实验配方对橡胶硫化性能的影响（原始数据、计算过程）

由硫化仪微机数据处理系统绘出硫化曲线，打印实验数据及硫化曲线。对硫化曲线进行解析，求出最小转矩 M_L、最大转矩 M_H、$(M_H-M_L)\times10\%+M_L$、$(M_H-M_L)\times90\%+M_L$、起始硫化时间 t_{c10}、正硫化时间 t_{c90} 及硫化反应时间 $t_{c90}-t_{c10}$。

基于硫化曲线和平板硫化的实验结果，分析不同橡胶配方中某一添加剂对橡胶硫化性能的影响。例如，添加剂是如何影响橡胶的正硫化时间，从而影响橡胶的性能，可通过查阅参考文献以分析产生这一结果的原因。

3. 橡胶实验配方对力学性能的影响（原始数据、计算过程）

① 记录拉伸样条的宽度和厚度，从拉伸实验应力-应变曲线中得到原始应变为 15% 时的拉伸应力、原始应变为 25% 时的拉伸应力以及原始应变为 50% 时的拉伸应力值，并记录样条是否拉断的情况，测量 5 次取平均值；

② 记录撕裂样条的厚度，从拉伸实验应力-应变曲线中得到撕裂强度值，并计算出拉断伸长率，测量 5 次取平均值；

③ 基于力学性能和橡胶硬度的实验结果，分析不同橡胶配方中某一添加剂对橡胶力学性能和橡胶硬度的影响。例如，添加剂是如何影响橡胶的力学性能和硬度，可结合参考文献以分析产生这一结果的原因。

六、注意事项

1. 生胶塑炼和开炼机混炼时要注意安全，不要戴手套、手链等，避免卷入机器中；长发要盘起。

2. 注意混炼加料顺序：先加生胶；后加用量少、难分散的配合剂；再加用量多、易分散的配合剂。最后，加硫黄等硫化剂。

3. 在使用平板硫化机前、后要将模具中的胶屑及油污和杂物去除，操作过程中戴好隔热手套。

七、思考题

1. 混炼胶与硫化胶有何异同之处？
2. 硫化曲线有哪几种？如何确定橡胶的硫化温度和硫化时间？
3. 根据实验结果，试分析硫化剂及补强剂用量对硫化橡胶的性能影响。
4. 天然胶硫化的实质是什么？胶料的硫化工艺条件与硫化制品的性能有何关系？

实验 33　聚合物合金的制备、结构表征与性能测试

一、实验目的

1. 了解双螺杆挤出机和移动螺杆式注塑机的结构特点及操作程序。

2. 掌握热塑性塑料挤出造粒的实验技能。

3. 掌握热塑性塑料注射成型（又称注塑成型）的实验技能及标准样条的制备方法。

4. 掌握注射成型工艺条件的确定及其常见产品缺陷的调整方法。

5. 能够完成从配方设计到产品制备、结构表征及力学性能测试的全过程，并理解制备工艺与制品结构和性能之间的关系。

二、实验原理

1. 挤出造粒过程

挤出过程是使高分子材料的熔体在挤出机的螺杆挤压作用下，通过具有一定形状的口模而连续成型的过程，所得的制品为恒定截面的连续型材。挤出成型在高分子材料加工领域中，是变化众多、生产率高、适应性强、用途最广、所占比例最大的成型工艺。

挤出成型常用的设备有单螺杆挤出机和双螺杆挤出机。本实验是以聚丙烯、聚乙烯、聚苯乙烯等热塑性塑料为原料，采用双螺杆挤出机进行挤出造粒。热塑性塑料的挤出造粒流程如图 33-1 所示。

图 33-1　挤出造粒流程

① 原料的准备和预处理。粒状或粉状塑料大都含有水，将会影响挤出成型的正常进行；同时，会影响制品质量，如出现气泡，表面晦暗无光，出现流纹及力学性能降低等。因此，成型前需预热和干燥。干燥要求：一般塑料含水量<0.5%；高温下易水解的塑料，如聚酰胺（尼龙，PA）纤维、涤纶（即聚对苯二甲酸乙二酯纤维，PET）纤维等，水分<0.03%。

② 挤出成型。挤出成型是连续成型工艺，关键是初期的调整，要调整到正常挤出，主要调整设备装置（口模尺寸、同心度、牵引设备）和工艺条件［温度（料筒各段、口模）、速度（螺杆转速和牵引速度）］。

挤出制品的质量取决于成型工艺条件，关键在于塑化情况。温度越高，越有利于塑化；但温度太高，挤出物性状稳定性差。提高挤出速度也有利于塑化。

③ 冷却。通过冷却水槽对挤出物料进行冷却。

④ 制品的牵引和切割。牵引速度要稍大于挤出速度，并通过切割机切成粒料。

⑤ 干燥。将粒料放入烘箱中烘干，除去水分。

2. 挤出机结构组成及工作原理

挤出机一般分为单螺杆挤出机和双螺杆挤出机两大类。本实验采用单螺杆挤出机，其基本结构如图 33-2 所示。

挤出机主要由主机、辅机和控制系统三大部分组成。其中，主机包括以下三部分。

① 挤压系统。挤出机的关键部分主要由机筒和螺杆组成。热塑性聚合物通过挤压系统时，物料被塑化成均匀的熔体；对于熔体喂料和带有化学反应的挤出成型，挤压系统主要使物料均匀混合成流体。在螺杆的推力作用下，这些均质流体从挤出机前端的口模被连续地挤出。

② 传动系统。其作用是驱动螺杆，保证螺杆在工作过程中所需要的扭矩和转速。

③ 加热冷却系统。它保证物料和挤压系统在成型加工中的温度控制要求。

挤出机的辅机根据挤出产品不同而有所区别，一般包括：机头（口模）、定型、冷却、

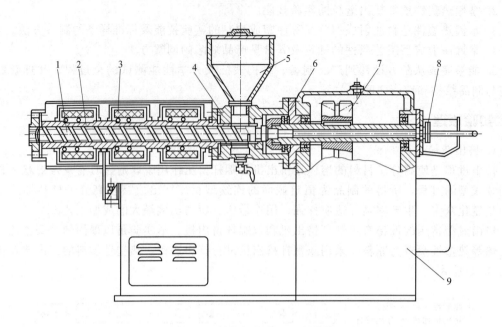

图 33-2 单螺杆挤出机基本结构

1—螺杆；2—机筒；3—热电偶；4—料斗支座；5—料斗；6—推力轴承；

7—传动系统；8—螺杆冷却系统；9—机身

牵引、切割等装置。

挤出机的控制系统主要由电气仪表和执行机构组成，其主要作用是控制主、辅机的驱动电机，使其按操作要求的转速相功率运转，并保证主、辅机协调运行；控制主、辅机的温度、压力、流量和制品的质量；实现全机组的自动控制。

3. 注射成型

注射成型是一种注射兼模塑的成型方法，又称注塑成型。它是成型聚合物制品，尤其是塑料制品的一种重要方法，应用十分广泛。通用注射成型是将固态聚合物材料（粒料或粉料）加入注塑机的料筒，经加热熔化后呈流动状态，然后在注塑机的柱塞或移动螺杆快速而又连续的压力下，从料筒前端的喷嘴中以很高的压力和很快的速度注入闭合的模具内，赋予熔体模腔的形状，经冷却（对于热塑性塑料）、加热交联（对于热固性塑料）或热压硫化（对于橡胶）而使聚合物固化，然后开启模具，取出制品，至此就完成了一次注射成型过程。螺杆式注塑机成型过程见图 33-3。

注射成型具有成型周期短，能一次成型形状复杂、尺寸精度高、带有各种金属或非金属嵌件的制品，具有产品质量稳定、生产效率高、易实现自动化操作等一系列优点。热塑性塑料的注射成型过程主要如下。

① 合模与锁紧。注射成型的周期一般是以合模为起始点。动模前移，快速闭合。在与定模将要接触时，依靠合模系统自动切换成低压，提供试合模压力和低速；最后切换成高压将模具合紧。

② 注射充模。模具闭合后，注塑机机身前移位喷嘴与模具贴合，油压推动与油缸活塞杆相连接的螺杆前进，将螺杆头部前面已均匀塑化的物料以一定的压力和速度注射入模腔，直到熔体充满模腔为止。

熔体充模顺利与否，取决于注射的压力和速度、熔体的温度和模具的温度等。这些参数

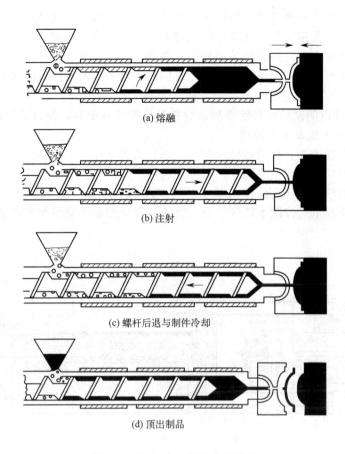

(a) 熔融

(b) 注射

(c) 螺杆后退与制件冷却

(d) 顶出制品

图 33-3 螺杆式注塑机成型过程

决定了熔体的黏度和流动特性。熔体以一定的速度注射入模，一旦充满，模腔内压力迅速达到最大值，充模速度迅速下降。模腔内物料在压力作用下变得密实。注射压力过高或过低，造成充模的过量或不足，都将影响制品的外观质量和材料的大分子取向程度。注射速度影响熔体填充模腔时的流动状态；速度快，充模时间短，熔体温差小，则制品密度均匀，熔接强度高，尺寸稳定性好，外观质量好；反之，若速度慢，充模时间长，由于熔体流动过程的剪切作用使大分子取向程度大，则制品各向异性。

③ 保压。熔体注入模腔后，由于模具的低温冷却作用，使模腔内的熔体产生收缩。为了保证注射制品的致密性、尺寸精度和强度，必须使注射系统对模具施加一定的压力（螺杆对熔体保持一定压力），对模腔塑件进行补塑，直到浇注系统的塑料被"冻结"为止。

保压过程包括控制保压压力和保压时间的过程，它们均影响制品的质量。保压压力可以等于或低于充模压力，其大小以达到"补塑增密"为宜。保压时间以压力保持到浇口凝封时为好。若保压时间不足，模腔内的物料会倒流，使制品缺料；若时间过长或压力过大，充模量过多，将使制品浇口附近的内应力增大，制品易开裂。

④ 制品的冷却和预塑化。当模具浇注系统内的熔体"冻结"到其失去从浇口回流的可能性时，即浇口封闭时，就可卸去保压压力，使制品在模内充分冷却定型。在此过程时间里主要控制冷却的温度和时间。

在冷却的同时，螺杆传动装置开始工作，带动螺杆转动，使料斗内的塑料经螺杆向前输送，并在料筒的外加热和螺杆剪切作用下使其熔融塑化。物料由螺杆运到料筒前端，并产生一定压力。在此压力作用下螺杆在旋转的同时向后移动，当后移到一定距离，料筒前端的熔体达到下次注射量时，螺杆停止转动和后移，准备下一次注射。

塑料的预塑化与模具内制品的冷却定型是同时进行的，但预塑时间必定小于制品的冷却时间。

⑤ 脱模。模腔内的制品冷却定型后，合模装置即开启模具，并自动顶落制品。

4. 注塑机结构组成及工作原理

注塑机主要有柱塞式和移动螺杆式两种，以后者为常用。不同类型注塑机的动作程序不完全相同，但塑料的注射成型原理及过程是相同的。

本实验所用的移动螺杆式注塑机基本结构如图 33-4 所示，主要包括注射装置、锁模装置、液压传动系统和电气控制系统等部分。其中，与成型加工直接相关的是注射装置与锁模装置。

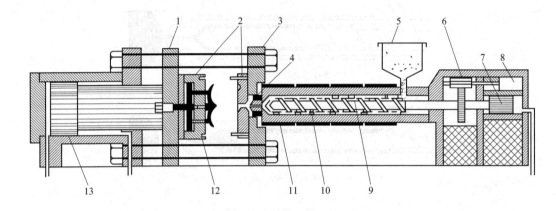

图 33-4　移动螺杆式注塑机基本结构

1—动模板；2—注射模具；3—定模板；4—喷嘴；5—料斗；6—螺杆传动齿轮；7—注射油缸；8—液压泵；9—螺杆；10—加热料筒；11—加热器；12—顶出杆（销）；13—锁模油缸

注射装置的作用如下。

① 塑化。在规定时间内将规定数量的物料均匀地熔融塑化并达到流动状态。

② 注射。以一定的压力和速度将熔料注射到模具型腔中去。

③ 保压。注射完毕后，有一段时间螺杆保持不动，应向模腔内补充一部分因冷却而收缩的熔料，使制品密实和防止模腔内的物料反流。

锁模装置主要由导柱、定模板、动模板、调模装置、顶出装置和锁模油缸等部件组成，其作用如下：

① 锁紧模具。提供足够的合模力和系统刚度，使注射时在熔料压力作用下，不会开缝溢料；

② 固定模具。要求具有足够的安装模具的模板面积和模具开合、取出制品的行程空间；

③ 启闭模具。当模具做开合移动时，控制移模速度使其符合工作要求，即在闭模时先快后慢，开模时先慢后快随后再慢，以平稳顶出制品。

5. 注射成型工艺

注射成型工艺的核心是得到塑化良好的塑料熔体并顺利注射到模具中去，在控制条件下冷却定型，最终得到合乎质量要求的制品。因此，注射最重要的工艺条件是影响塑化流动和冷却的温度、压力和各个作用的时间。

（1）温度

注射成型过程需要控制的温度包括料筒温度、喷嘴温度和模具温度。前二者关系到塑料的塑化和流动，后者关系到塑料的冷却和成型。

① 料筒温度。料温的高低，主要决定于塑料的性质，必须把塑料加热到黏流温度（T_f）或熔点（T_m）以上，但必须低于其分解温度（T_d）。其原则是保证塑料得到良好的塑化，能实现快速流动注射；同时，又不出现降解或分解现象。

料温与注射成型工艺过程及制品的物理力学性能有密切关系。随着料温升高，熔体黏度下降，料筒、喷嘴、模具的浇注系统的压力降减小，塑料在模具中的流程延长，从而改善了成型工艺性能；注射速度大，塑化时间和充模时间缩短，生产率则提高。但若料温太高，易引起塑料热降解，制品物理力学性能降低。而料温太低，则容易造成制品缺料，表面无光，有熔接痕等，且生产周期长，劳动生产率降低。

料筒温度通常从料斗一侧起至喷嘴分段控制，由低到高，以利于塑料逐步塑化。各段之间的温差为 10～30℃。

② 喷嘴温度。喷嘴温度通常略低于料筒最高温度，这是为了防止塑料在直通式喷嘴中可能发生的"流延现象"。喷嘴低温的影响可以从塑料通过喷嘴注射时产生的较大摩擦热而得到补偿。当然喷嘴温度也不能过低，否则会使得熔料早凝而将喷嘴堵死，或者将早凝料注射入模腔影响制品质量。

③ 模具温度。模具温度不但影响塑料充模时的流动行为，而且影响制品的物理力学性能和表观质量。

对结晶型聚合物，注射入模腔后发生相转变，冷却速率将影响塑料的结晶速率。缓冷则模温高，结晶速率大，有利结晶，能提高制品的密度和结晶度；制品成型收缩性较大，刚度大，大多数力学性能较好，但伸长率和冲击强度下降。骤冷所得制品的结晶度下降，韧性较好。但骤冷不利于大分子链松弛过程，分子取向作用和内应力较大。中速冷塑料的结晶和取向作用较适中，是常用条件。

对无定形聚合物，注射入模时不发生相转变，模温的高低主要影响熔体的黏度和充模速率。在顺利充模的情况下，较低的模温可以缩短冷却时间，提高成型效率。所以，对于熔融黏度较低的组料，一般选择较低的模温；反之，必须选择较高模温。选用低模温，虽然可加快冷却，有利提高生产效率，但过低的模温可能使浇口过早凝封，引起缺料和充模不全。

（2）压力

注射成型过程中的压力包括塑化压力（背压）和注射压力，是塑料塑化充模成型的重要因素。

① 塑化压力（背压）。采用螺杆式注射成型机时，螺杆顶部熔料在螺杆旋转后退时所受到的压力称为塑化压力，也称背压。背压影响预塑化效果。提高背压，物料所受剪切作用增加，熔体温度升高，塑化均匀性好，但塑化量降低。螺杆在较低背压和转速下塑化时，螺杆输送计量的精确度提高。对于热稳定性差或熔融黏度高的塑料应选择较低的转速；对于热稳定差或熔体黏度低的塑料则选择较低的背压。螺杆的背压一般为注射压力的 5%～20%。

② 注射压力。注射压力是柱塞或螺杆头部对塑料所施加的压力。其作用是克服塑料在料筒、喷嘴及浇注系统和型腔中流动时的阻力，给予塑料熔体足够的充模速率，能对熔体进行压实，以确保注射制品的质量。

塑料注射成型过程中的流动阻力与塑料的摩擦因数和熔融黏度有关，二者越大，所要求的注射压力越高。而同一种塑料的摩擦因数和熔融黏度是随料筒温度和模具温度而变动的，所以在注射成型过程中注射压力与塑料温度是相互制约的。料温高时注射压力减小；反之，所需注射压力加大。

③ 时间。完成一次注射成型所需的全部时间称为注射成型周期，它包括注射（充模、保压）时间、冷却（加料、预塑化）时间及其他辅助（开模、脱模、嵌件安放、闭模等）时间。

注射时间中的充模时间主要与充模速度有关。保压时间依赖于料温、模温以及主流道和浇口的大小，对制品尺寸的准确性有较大影响。保压时间不够，浇口未凝封，熔料会倒流，使模内压力下降，会使制品出现凹陷、缩孔等现象。冷却时间取决于制品的厚度、塑料的热性能、结晶性能以及模具温度等。冷却时间是以保证制品脱模时不变形，而时间又较短为原则。成型过程中应尽可能地缩短其他辅助时间，以提高生产效率。

热塑性塑料的注射成型，主要是一个物理过程，但聚合物在热和力的作用下难免发生某些化学变化。注射成型应选择合理的设备和模具设计，确定合理的工艺条件，以使化学变化降低到最小程度。

6. 结构表征

本实验中共混物的结构表征使用偏光显微镜观察结晶形态，使用 DSC 测试熔融曲线、结晶曲线。相关原理见第二章实验 9 和第三章实验 16。

7. 力学性能测试

本实验中共混物的力学性能测试使用万能试验机测试拉伸强度、断裂伸长率，使用冲击实验机测试冲击强度。相关原理见第三章实验 20 和实验 21。

三、实验仪器与试样

1. 实验仪器

① 单螺杆挤出机，型号 SJ45/25。

② 移动螺杆式注塑机，型号 90F2V。

③ 超薄切片机、游标卡尺、烘箱、电子天平、缺口制样机。

2. 实验试样

聚乙烯（PE）、聚丙烯（PP）、聚苯乙烯（PS）、乙烯-醋酸乙烯酯共聚物（EVA）等热塑性塑料，加工助剂为抗氧剂。

四、实验步骤

1. 挤出造粒

① 实验原料准备。按实验原料及配比推荐表（表 33-1）准确称量物料，并将树脂与添加剂混合均匀，放入烘箱干燥备用。一般干燥条件是：烘箱温度为 80℃，时间为 3～4h；若温度为 90℃，则仅需 2～3h。实际上，干燥处理的温度越低越好，但时间却需更久。

表 33-1　实验原料及配比推荐表　　　　　　　　　　　　　单位：质量份

组号	PP	PE	PS	EVA
1	2	0	1	0
2	3	0	1	0
3	4	0	1	0
4	0	2	1	0
5	0	3	1	0
6	0	4	1	0
7	2	0	0	1
8	3	0	0	1
9	4	0	0	1

② 详细观察与了解单螺杆挤出机的结构、工作原理、安全操作等。

③ 挤出机开机。

④ 设定各项成型工艺条件，对料筒进行加热，达到预定温度后，稳定 30min。

⑤ 加入预先准备好的已干燥物料，调节螺杆转速为 10～20Hz，进行挤出造粒。

⑥ 冷却、牵引、切割后，收集粒料，烘干备用。

2. 注射成型

① 原料准备：干燥的挤出粒料。

② 详细观察与了解注塑机的结构、工作原理、安全操作方法等。

③ 注塑机开车。接通电源，进行几次空车、空负荷运转。

④ 设定各项成型工艺条件，对料筒进行加热，达到预定温度后，稳定 30min。

⑤ 注射成型操作。按照以下程序依次进行操作。

闭模 → 注射座前移 → 塑化 → 注射 → 保压冷却 → 开模 → 顶出制品

⑥ 重复上述操作程序，在不同成型工艺条件（温度、保压时间、冷却时间、注射速度）下注射制品。

注意：根据实验要求可选用手动、半自动、全自动等操作方式。

a. 手动。选择开关在"手动"位置。调整注射和保压时间继电器，关上安全门。每揿一个按钮，就相当于完成一个动作，必须按顺序一个动作做完再揿另一个动作按钮。每位读者应在手动模式状态下独立完成注射至少一个试样的全部操作。

b. 半自动。将选择开关转至"半自动"位置，关好安全门，则各种动作会按工艺程序自动进行。即依次完成闭模、稳压、注射座前进、注射、保压、预塑（螺杆转动并后退）、注射座后退、冷却、开模和制品顶出。注射成型工艺稳定后，可选择半自动模式。

c. 全自动。将选择开关转至"全自动"位置，关上安全门，则机器会自行按照工艺程序工作，最后由顶出杆顶出制品。由于光电管的作用，各个动作周而复始，不必打开安全门，但要求模具有完全可靠的自动脱模装置。本实验中禁止使用全自动模式。

3. 偏光显微镜观察结晶形态

使用超薄切片机从注塑样条上切取厚度约为 10～30μm 的薄片，放于载玻片上，用于观察结晶形态。观察时尽量取样品中心（芯层）部分。偏光显微镜的调整和观察操作详见第二章实验 9。

4. DSC 测试熔融、结晶曲线

从注塑样条上刮取约 5mg 样品，用于 DSC（差示扫描量热仪）测试。操作步骤详见第三章实验 16。

5. 拉伸性能测试

取注塑样条中的哑铃状样条，用于拉伸性能测试。操作步骤详见第三章实验 20，作出应力-应变曲线，并读取样品拉伸强度、断裂伸长率。

6. 冲击性能测试

取注塑样条中的矩形样条，尺寸为 80mm×10mm×4mm，并在样条上铣出深度 2mm 的 V 形缺口，测试其缺口冲击性能。测量各样条的厚度和缺口剩余宽度。冲击强度测试操作步骤详见第三章实验 21。读取冲击断裂吸收能量值，并分别计算冲击强度。

五、数据记录与处理

相关数据记录分别参见表 33-2～表 33-5。

表 33-2 挤出工艺条件记录

项目	温度/℃						螺杆转速 /(r/min)
挤出工艺参数	第 1 段	第 2 段	第 3 段	第 4 段	第 5 段	口模	

表 33-3 注塑工艺条件记录

项目	温度/℃				注射速度 /%	注射压 /MPa	保压时间 /s
注塑工艺参数	温区 1	温区 2	温区 3	喷嘴			

表 33-4 拉伸实验数据记录

实验温度：   拉伸速度：

试样编号	宽度/mm	厚度/mm	拉伸强度/MPa	断裂伸长率/%
1				
2				
3				
4				
5				
平均值				

表 33-5 冲击实验数据记录

实验温度：   摆锤能量：

项目	缺口剩余宽度 /mm	厚度/mm	吸收能量/J	现象	冲击强度/(kJ/m²)
样品 1					
样品 2					
样品 3					
样品 4					
样品 5					
冲击强度平均值					

六、注意事项

1. 挤出造粒注意事项

① 开动挤出机之前，先检查各段温度是否已达到设定值。

② 启动螺杆时，螺杆转速要逐步上升，进料后应密切注意观察主机电流。若发现电流突增，应立即停机检查原因。

③ 挤出机料筒和机头温度较高，操作时要戴手套；熔体挤出时，操作者不得位于机头的正前方，防止发生意外。

2. 注射成型注意事项

① 在开始操作前，应把限位开关及时间继电器调整到相应的位置上。

② 禁止两人同时操作仪器，以防模具夹手；请勿随意将手放于定模具、动模具之间，取出样品时可用老虎钳。

③ 不得将金属工具接触模具型腔。

3. 制备标准样条注意事项

制备标准样条时，应保证相同组分不同配比的物料加工条件一致，以保证所制备样条结构、性能的可比性。

4. 制备偏光显微镜样品注意事项

制备偏光显微镜样品时，应注意不破坏样品形态，并尽量截取样条中相同位置的物料进行对比分析，以保持不同样品之间的可比性。

七、思考题

1. 用框图表示挤出造粒、注射成型的工艺流程。

2. 挤出成型前为什么要对物料进行干燥处理？

3. 分析注射成型过程中出现变色和形状欠缺的主要原因。在实际加工中，如何调整加工工艺以消除这些影响？

4. 聚苯乙烯或乙烯-醋酸乙烯酯共聚物（EVA）对聚丙烯结晶结构和结晶过程有何影响，其结晶结构又如何影响其力学性能？

实验 34　可控降解 β 晶型聚丙烯的制备、结构表征及性能测试

一、实验目的

1. 理解可控降解反应原理。
2. 掌握高速混合机、双螺杆挤出机、注塑机等常见高分子材料加工设备的使用。
3. 掌握高分子材料结构表征设备和力学性能测试设备的使用方法。
4. 能够自行设计和优选反应挤出的实验配方。
5. 理解高分子材料分子链结构、凝聚态结构特点及其对材料性能的影响机理。

二、实验原理

高分子材料具有独特的长链结构，包括分子链结构和凝聚态结构等。因此，高分子材料结构更加复杂和抽象，结构与性能的关系难以理解。聚丙烯是一种常见的通用高分子材料，在工业生产各个领域应用广泛。特别是在新型冠状病毒流行期间，聚丙烯作为生产口罩的主要原料之一，深受关注。口罩中起隔绝病菌作用的隔离层是以聚丙烯为原料生产的熔喷无纺布，其要求聚丙烯具有极好的流动性。可控降解反应可以调控聚丙烯分子量，使分子量降低，从而能够有效提高其流动性；而测试其流动性和力学性能，可以综合评价反应产物的使用性能。

高分子材料的分子量越小，其熔体流动性越好。在熔融喷涂、纺丝等领域，为了提高聚丙烯（PP）的流动性，可以普通 PP 为原料，利用过氧化物引发 PP 发生降解反应获得低分子量 PP。其中，降解产物的分子量可通过反应物的量进行调控：反应物中过氧化物的比例越高，降解产物的分子量越小。因此，这种反应被称为可控降解反应。

PP 有多种结构晶型，较常见的有 α 晶型和 β 晶型。常规加工条件下得到的多为 α 晶型，属于热力学上的稳态结构，具有较好的刚性；而 β 晶型则为热力学亚稳态结构，需通过添加 β 晶型成核剂（常简称 β 成核剂）或在特殊加工条件下制备，具有极好的韧性。因此，在科学研究和工业生产的一些特殊领域均广泛使用 β 晶型 PP。

本实验将上述分子结构特点相结合，设计"可控降解β晶型聚丙烯的结构与性能"研究型综合实验，通过 PP 分子链结构和凝聚态（结晶）结构调控，从而表征其结构，研究其性能变化。

三、实验仪器与试样

1. 实验仪器

高速混合机、双螺杆挤出机、注塑机、牵引造粒机、熔体流动速率仪、宽角 X 射线衍射仪、万能试验机、数显简支梁冲击实验机。

2. 实验试样

聚丙烯、过氧化二异丙苯、稀土类β晶型成核剂、抗氧剂 1010。

四、实验步骤

1. 实验方案设计

实验指导书中仅提出实验要求和设计思路，而具体的实验方案，包括母料挤出成型工艺条件、反应挤出配方及工艺条件、注塑工艺条件等均要求以 2~3 人为一组，在已有实验操作基础上，通过查阅文献和相关标准进行设定。

2. 可控降解 PP 和可控降解β晶型 PP 的制备

首先将 PP 粒料与β晶型成核剂以 96：4 的比例在高速混合机中混合均匀，然后使用双螺杆挤出机挤出、造粒，得到成核剂含量为 4% 的母料，母料烘干后与 PP、过氧化二异丙苯（DCP）以不同比例混合后在双螺杆挤出机中反应挤出、造粒，得到β晶型成核剂含量为 0.2%、分子量不同的β晶型 PP 粒料。随后使用注塑机将粒料制成标准哑铃状、矩形样条。

一个典型的可控降解β晶型 PP 的制备过程如下。

首先将 768g 的 PP 粒料与 32g 的β成核剂在高速混合机中混合 5min 使其混合均匀，然后使用双螺杆挤出机挤出。挤出机各段温度设置为：180℃、190℃、195℃、200℃、205℃、210℃，螺杆转速 120r/min。使用造粒机进行造粒，并放于 80℃的烘箱中烘干 12h，得到β成核剂含量为 4% 的β母料。

称取 PP 粒料 800g，β母料 1.6g，DCP 0.8g 以及抗氧剂 0.8g，使用高速混合机混合 5min 使其混合均匀。随后使用双螺杆挤出机挤出，使用造粒机进行造粒并烘干，得到β成核剂含量为 0.2%、DCP 作用量为 0.1% 的可控降解β晶型 PP 粒料。其中，挤出及烘干工艺条件同上。此外，若不添加β母料，其余条件相同，则通过制备对比组，得到可控降解 PP。

将上述所得粒料使用注塑机进行注射成型，制备标准哑铃状、矩形样条。注塑机各段温度为：200℃、210℃、215℃、220℃，保压冷却时间为 40s。所得标准样条分别用于测试拉伸和冲击性能。

3. 可控降解β晶型 PP 的结构表征

（1）熔体流动性表征

使用熔体流动速率仪测试可控降解 PP 的熔体流动性。参考本书表 25-1，选择适合 PP 的测试条件：230℃、2.16kg，测试粒料的熔体流动速率，间接表征分子量降低程度。

（2）结晶行为表征

使用差示扫描量热仪（DSC）表征可控降解 PP 和可控降解β晶型 PP 的 DSC 升温熔融曲线和降温结晶曲线。利用 DSC 曲线，分析晶型组成及β晶含量、熔融温度、结晶温度、结晶度等。

（3）宽角 X 射线衍射分析

使用宽角 X 射线衍射仪测试可控降解 PP 和可控降解 β 晶型 PP 的衍射谱图。可利用 Jade 软件对谱图进行拟合分峰，结合参考文献，计算其结晶度和 β 晶含量。

（4）力学性能测试

使用万能试验机测试可控降解 PP 和可控降解 β 晶型 PP 哑铃状样条的拉伸性能，得到应力-应变曲线，分析拉伸强度、断裂伸长率和断裂应力。使用数显简支梁冲击实验机测试可控降解 PP 和可控降解 β 晶型矩形样条的冲击吸收能量值，计算其冲击性能。

五、数据记录与处理

数据记录见表 34-1～表 34-5。

表 34-1 熔体流动性实验数据记录

试样名称：_____   实验温度：_____   负荷重：_____

样条号	取样时间/s	样条质量/g	样条平均质量/g	MFR/(g/10min)
1				
2				
3				

注：熔体流动速率（MFR）可按式(25-1)计算。

表 34-2 挤出工艺条件

项目	温度/℃						螺杆转速
（挤出工艺参数）	第 1 段	第 2 段	第 3 段	第 4 段	第 5 段	口模	/(r/min)

表 34-3 注塑工艺条件

项目	温度/℃				注射速度	注射压	保压时间
（注塑工艺参数）	温区 1	温区 2	温区 3	喷嘴	/%	/MPa	/s

表 34-4 拉伸实验数据记录

实验温度：_____   拉伸速度：_____

试样编号	宽度/mm	厚度/mm	拉伸强度/MPa	断裂伸长率/%
1				
2				
3				
4				
5				
平均值				

表 34-5 冲击实验数据记录

实验温度：_____   摆锤能量：_____

项目	缺口剩余宽度/mm	厚度/mm	吸收能量/J	现象	冲击强度/(kJ/m²)
样品 1					
样品 2					
样品 3					
样品 4					
样品 5					
冲击强度平均值					

将本组实验结果数据与其他小组进行对比，对以下问题进行分析。

1. DCP用量对熔体流动性的影响

根据无添加β母料的对比组实验结果，分析在其他变量不变的情况下，DCP用量对反应挤出产物流动性的影响，并推测其对分子量的影响。

2. PP分子量对结晶结构的影响

基于DSC和XRD对结晶结构的分析结果，在可控降解PP和可控降解β晶型PP中，分别对比、分析DCP用量对结晶度和β晶含量的影响，从而分析两种样品中分子量变化对结晶结构的影响规律及可能的影响机理。

3. 分子量、结晶结构对力学性能的影响

在分析可控降解PP时，可分析DCP用量对力学性能的影响规律；同时，分析可控降解β晶型PP中DCP用量对力学性能的影响规律，将二者进行对比，综合分析分子量和结晶结构变化对力学性能的影响，结合参考文献，分析其影响机理。

六、注意事项

1. 挤出造粒时，应先检查各段温度，确认温度达到设定值后再启动螺杆。螺杆转速应逐步上升，并在进料后密切注意主机电流。若发现电流突增，应立即停机检查原因。

2. 挤出机料筒和机头温度较高，操作时应戴手套；熔体挤出时，操作者不得位于机头的正前方，防止发生意外。

3. 注射成型加工时，禁止两人同时操作仪器，以防模具夹手；除取样品操作外，请勿将手放于定模具和动模具之间，取出样品时可用老虎钳；金属工具不得接触模具型腔。

4. 在使用宽角X射线衍射仪时，注意防止X射线的辐射伤害，测试过程中禁止开启衍射仪门。

七、思考题

1. 结合实验结果，分析在其他变量不变的情况下，DCP用量对反应挤出产物流动性的影响，并推测其对分子量的影响。

2. 分析DCP用量对结晶度和β晶含量的影响，以及两种样品中分子量变化对结晶结构的影响规律及可能的影响机理。

3. 结合实验结果，分析影响可控降解PP和可控降解β晶型PP的力学性能因素可能有哪些？

参考文献

[1] 闫红强，程捷，金玉顺. 高分子物理实验 [M]. 北京：化学工业出版社，2012.

[2] 华幼卿，金日光. 高分子物理 [M]. 5版. 北京：化学工业出版社，2019.

[3] 殷勤俭，周歌，江波. 现代高分子科学实验 [M]. 北京：化学工业出版社，2012.

[4] 张玥. 高分子科学实验 [M]. 青岛：中国海洋大学出版社，2010.

[5] 吴其晔，张萍，杨文君，等. 高分子物理学 [M]. 北京：高等教育出版社，2011.

[6] 宦双燕. 波谱分析 [M]. 北京：中国纺织出版社，2008.

[7] 林贤福. 现代波谱分析方法 [M]. 上海：华东理工大学出版社，2009.

[8] 任鑫，胡文全. 高分子材料分析技术 [M]. 北京：北京大学出版社，2012.

[9] 张树霖. 拉曼光谱学与低维纳米半导体 [M]. 北京：科学出版社，2008.

[10] 赵婧，杨超. α-氰基丙烯酸乙酯聚合物的拉曼光谱分析 [J]. 光散射学报，2016，28（2）：140-143.

[11] 李周. 材料现代分析测试实验教程 [M]. 北京：北京冶金工业出版社，2011.

[12] 邓芹英，刘岚，邓慧敏. 波谱分析教程 [M]. 2版. 北京：科学出版社，2010.

[13] 张华，彭勤纪，李亚明. 现代有机波谱分析 [M]. 北京：化学工业出版社，2005.

[14] 陈洁. 有机波谱分析 [M]. 北京：北京理工大学出版社，2008.

[15] 于汇洋，曹亚，陈金耀. 不同聚乙烯醇偏光基膜的结构与性能 [J]. 高分子材料科学与工程，2016（32）：47-50.

[16] 赵爽，刘振国，高天正，等. 自聚甲基丙烯酸甲酯的结构及性能 [J]. 中国塑料，2016（10）：20-24.

[17] 杨睿，周啸，罗传秋，等. 聚合物近代仪器分析 [J]. 北京：清华大学出版社，2010.

[18] 杨万泰. 聚合物材料表征与测试 [M]. 北京：中国轻工业出版社，2008.

[19] 曾幸荣. 高分子近代测试分析技术 [M]. 广州：华南理工大学出版社，2007.

[20] 张倩. 高分子近代分析方法 [M]. 成都：四川大学出版社，2010.

[21] 曹静，吕秋丰. 热处理对 β-PPR 和高熔体流动速率 β-PPR 结晶性能的影响 [J]. 高分子材料科学与工程，2012，28（6）：32-35.

[22] 潘清林，徐国富，李慧. 材料现代分析测试实验教程 [M]. 北京：冶金工业出版社，2011.

[23] 俞翰，黄清明，汪炳叔，等. 材料测试分析综合实验教程 [M]. 北京：化学工业出版社，2020.

[24] 谷宇，宋美丽. 聚丙烯等规度分析方法研究进展 [J]. 当代化工，2013，42（10）：1450-1453.

[25] 张雅茹，于鲁强，杨芝超. 红外光谱法测定聚丙烯的等规度 [J]. 石油化工，2014，43（11）：1331-1335.

[26] 聂同军，杨天钧，黄肖蔚，等. 聚丙烯等规指数快速分析方法 [J]. 仪器仪表与分析监测，2010（3）：32-33.

[27] 郑欣然，蔡云飞，王兰飞. mq20 型核磁共振谱仪在聚丙烯等规度测定中的应用 [J]. 分析仪器，2005（4）：20-23.

[28] 关旭，刘慧杰. 测量聚丙烯等规度的物理方法 [J]. 当代化工，2010，39（10）：603-603+608.

[29] 塑料 聚丙烯（PP）和丙烯共聚物热塑性塑料等规指数的测定：GB/T 2412—2008.

[30] 杨海洋，朱平平，何平笙. 高分子物理实验 [M]. 2版. 合肥：中国科学技术大学出版社，2008.

[31] 牛海军. 高分子物理实验方法 [M]. 哈尔滨：哈尔滨地图出版社，2009.

[32] 谷亦杰，宫声凯. 材料分析检测技术 [M]. 长沙：中南大学出版社，2009.

[33] 何曼君，张红东，陈维孝，等. 高分子物理 [M]. 3版. 上海：复旦大学出版社，2007.

[34] 李生英，高锦章，杨武，等. 原子力显微镜在聚合物研究中的应用 [J]. 现代仪器，2005（5）：11-14.

[35] 刘晶如，李银成，俞强. 原子力显微镜在高分子物理实验教学中的应用 [J]. 电子显微学报，2016，35（2）：186-190.

[36] 肖汉文，王国成，刘少波. 高分子材料与工程实验教程 [M]. 2版. 北京：化学工业出版社，2016.

[37] GB/T 1034—2008 塑料 吸水性的测定.

[38] 宁冲冲. PTT/PF 改性 PA66 的制备及其吸水性能研究 [D]. 南京：南京航空航天大学，2014.

[39] 郭玲玲，郭乔，李贵阳，等. 吸水率对工程塑料 PA，PBT，PPE，PC 力学性能影响研究 [J]. 广州化工，2013（41）：93-96.

[40] GB/T 1633—2000 [S]. 热塑性塑料维卡软化温度的测定.

[41] GB/T 1634.2—2019 [S]. 塑料 负荷变形温度的测定 第 2 部分：塑料和硬橡胶.

[42] 梁向晖. 热重差热联用热分析仪 SDTQ600 的特点及维护 [J]. 现代仪器，2007（6）：72-74.

[43] 汪建新，娄春华，王雅珍. 高分子科学实验教程 [M]. 哈尔滨：哈尔滨工业大学出版社，2009.

[44] GB/T 1040.1—2018 [S]. 塑料 拉伸性能的测定 第 1 部分：总则.

[45] GB/T 1043.1—2008 [S]. 塑料 简支梁冲击性能的测定 第 1 部分：非仪器化冲击试验.

[46] GB/T 1041—2008 [S]. 塑料　压缩性能的测定.

[47] GB/T 9341—2008 [S]. 塑料　弯曲性能的测定.

[48] GB/T 529—2008 [S]. 硫化橡胶或热塑性橡胶撕裂强度的测定（裤形、直角形和新月形试样）.

[49] GB/T 12829—2006 [S]. 硫化橡胶或热塑性橡胶小试样（德尔夫特试样）撕裂强度的测定.

[50] GB/T 3682.1—2018 [S]. 热塑性塑料熔体质量流动速率和熔体体积流动速率的测定.

[51] 涂克华，杜滨阳，杨红梅，等. 高分子专业实验教程 [M]. 杭州：浙江大学出版社，2011.

[52] 王新龙，徐勇著. 高分子科学与工程实验 [M]. 南京：东南大学出版社，2012.

[53] EST121 型数字超高阻、微电流测量仪使用说明.

[54] 唐颂超. 高分子材料成型加工 [M]. 3 版. 北京：中国轻工业出版社，2014.

[55] 郭静. 高分子材料专业实验 [M]. 北京：化学工业出版社，2015.

[56] 吕秋丰，谢琼琳，曹静. 聚苯胺-木质素磺酸复合物的合成及其染料吸附性能——介绍一个综合性研究型实验 [J]. 大学化学，2017，32（3）：49-54.

[57] 陈诚，李曦，刘信，等. 聚苯胺的合成及其对六价铬吸附实验研究 [J]. 实验技术与管理，2014，31（4）：61-63＋67.

[58] He Z W，Lü Q F，Zhang J Y. Facile preparation of hierarchical polyaniline-lignin composite with a reactive silver-ion adsorbability [J]. ACS Applied Materials & Interfaces，2012，4（1）：369-374.

[59] 李新贵，窦强，黄美荣. 聚苯胺及其复合物对重金属离子的高效吸附性能 [J]. 化学进展，2008（20）：227-232.

[60] 何丽红，林婷婷，凌艺辉，等. 聚苯胺-木质素纳米复合物的制备及对银离子的吸附还原性能 [J]. 高分子学报，2013（3）：320-326.

[61] 周美玲，谢建新，朱宝泉. 材料工程基础 [M]. 北京：北京工业大学出版社，2009.

[62] 刘丽丽. 高分子材料与工程实验教程 [M]. 北京：北京大学出版社，2012.

[63] Cao J，Lü Q F. Crystalline structure, morphology and mechanical properties of β-nucleated controlled-rheology polypropylene random copolymers [J]. Polymer Testing，2011（30）：899-906.

[64] Cao J，Zheng Y，Lin T. Synergistic toughening effect of β-nucleating agent and long chain branching on polypropylene random copolymer [J]. Polymer Testing，2016，55：318-327.

[65] 曹静，于岩，靳艳巧. 高分子材料结构与性能研究型综合实验设计 [J]. 实验技术与管理，2021，38（3）：88-92.

[66] GB/T 1043.2—2018 [S]. 塑料　简支梁冲击性能的测定　第2部分：仪器化冲击试验.

附录

附录 1　部分聚合物-水溶液体系的 Mark-Houwink 方程中的参数 K 和参数 α

聚合物	溶剂	温度/℃	K /(mL/g)	α	分子量 M 范围	测定方法
聚乙烯醇	水	25	2×10^{-2}	0.76	$(0.6\sim2.1)\times10^4$	渗透压法
	水	25	6.7×10^{-2}	0.55	$(2\sim20)\times10^4$	光散射法
	水	25	59.6×10^{-2}	0.63	$(1.2\sim19.5)\times10^4$	黏度法
	水	30	4.28×10^{-2}	0.64	$(1\sim80)\times10^4$	光散射法
	水	30	6.62×10^{-2}	0.64	$(3\sim12)\times10^4$	渗透压法
	水	30	6.65×10^{-2}	0.64	$(0.6\sim12)\times10^4$	渗透压法
聚环氧乙烷	水	30	1.25×10^{-2}	0.78	$(1\sim10)\times10^4$	超速离心沉淀法
	水	35	16.6×10^{-2}	0.82	$(0.04\sim0.4)\times10^4$	端基分析法
	0.45mol/L K_2SO_4 水溶液	35	13×10^{-2}	0.50	$(3\sim700)\times10^4$	光散射法
聚苯乙烯磺酸	0.52mol/L HCl 溶液	25	6.35×10^{-2}	1.0	$(18\sim46)\times10^4$	黏度法
	0.52mol/L NaCl 溶液	25	5.75×10^{-2}	1.0	$(18\sim46)\times10^4$	黏度法
聚乙烯基吡咯烷酮	水	25	5.65×10^{-2}	0.55	$(1.1\sim23)\times10^4$	光散射法
聚丙烯酸钠盐	1.0mol/L NaCl 溶液	25	1.547×10^{-2}	0.90	$(4\sim50)\times10^4$	渗透压法
	2.0mol/L NaOH 溶液	25	42.2×10^{-2}	0.64	$(4\sim50)\times10^4$	渗透压法
聚丙烯酰胺	水	30	0.631×10^{-2}	0.80	$(2\sim50)\times10^4$	超速离心沉淀法
羟甲基纤维素	2% NaCl 溶液	25	2.33×10^{-2}	1.28	—	渗透压法
明胶	1.0mol/L NaCl 溶液	40	0.269×10^{-2}	0.88	$(7\sim14)\times10^4$	渗透压法

附录 2　部分聚合物的溶度参数

聚合物	$\delta /(\text{J/cm}^3)^{1/2}$	聚合物	$\delta /(\text{J/cm}^3)^{1/2}$
聚乙烯	16.2~16.6	硝酸纤维素	17.4~23.5
聚丙烯	16.8~18.8	醋酸纤维素	22.3~25.1
聚氯乙烯	19.4~21.5	聚乙烯醇	47.8
聚偏氯乙烯	24.9~25.0	天然橡胶	16.2~17.0
聚苯乙烯	17.8~18.6	丁苯橡胶	16.5~17.5
聚丙烯腈	26.0~31.5	聚丁二烯	16.6~17.6
聚四氟乙烯	12.7	聚异戊二烯	16.2~17.4
聚三氟氯乙烯	14.7	氯丁橡胶	16.8~19.2
聚甲基丙烯酸甲酯	18.4~19.4	丁腈橡胶(82/18)	17.8
聚丙烯酸甲酯	20.1~20.7	丁腈橡胶(61/39)	21.1
聚醋酸乙烯酯	19.1~22.6	乙丙橡胶	21.1
聚碳酸酯	19.4	聚异丁烯	15.8~16.4
聚对苯二甲酸乙二酯	21.5~21.9	聚硫橡胶	18.4~19.2
聚二甲基硅氧烷	14.9~15.5	聚氨基甲酸酯	20.5
聚苯基甲基硅氧烷	18.4	环氧树脂	19.8~22.3
聚酰胺(尼龙)-66	27.8		

附录 3　部分溶剂的沸点与溶度参数

溶剂	沸点/℃	$\delta /(\text{J/cm}^3)^{1/2}$	溶剂	沸点/℃	$\delta /(\text{J/cm}^3)^{1/2}$
水	100	47.5	正戊烷	36.1	14.4
丙酮	56.1	20.5	异戊烷	27.9	14.4
丁酮	79.6	19.1	二异丙醚	68.5	14.3
四氢呋喃	64	20.3	二乙基醚	34.5	15.6
苯	80.1	18.7	萘	218	20.3
甲苯	110.5	18.2	十氢化萘	190.9	18.4
对二甲苯	138.4	17.9	醋酸乙烯酯	77.1	18.5
间二甲苯	139.1	18.0	四氯乙烯	121.1	19.2
邻二甲苯	144.4	18.4	甲酸乙酯	54.4	19.2
乙苯	136.2	18.0	苯甲酸乙酯	212.7	19.8
氯苯	125.9	19.4	乙酸	117.9	25.8
溴苯	156	20.5	乙醛	20.8	20.1
硝基苯	210.8	20.5	二甲基亚砜	238	27.4
异丙苯	152.4	18.1	二甲基砜	238	29.9
正己烷	69.0	14.9	甲酰胺	111	36.4
环己烷	80.8	16.8	二甲基甲酰胺	153	24.7
正庚烷	98.4	15.3	二甲基乙酰胺	165	22.7
正辛烷	125.7	15.4	吡啶	115.3	21.9
1,1,1-三氯乙烷	74.1	17.4	甲酸	100.7	27.6
氯乙烷	12.3	17.4	苯酚	181.8	29.7
1,1-二氯乙烷	57.3	18.6	碳酸乙烯酯	248	29.7
1,2-二氯乙烷	83.5	20.1	硝基乙烷	16.5	22.7
二氯甲烷	39.7	19.8	甲醇	65	29.7
三氯甲烷	61.7	19.0	乙醇	78.3	26.0
硝基甲烷	101.2	25.8	正丁醇	117.3	23.3
四氯乙烷	146.4	21.3	环己醇	161.1	23.3
四氯化碳	76.5	17.6	异丁醇	107.7	23.9
环己酮	155.8	20.3	正丙醇	97.4	24.3
二硫化碳	46.2	20.5	丙二腈	218	30.9
1,4-二氧杂环己烷(俗称二氧六环)	101.3	20.5	乙二醇	198	32.1
乙腈	81.1	24.3	丙二醇	290.1	33.8
丙腈	97.4	21.9	苯胺	184.1	22.1

附录4 部分常用塑料的吸水率（24h）

单位：%

名称	吸水率	名称	吸水率
聚乙烯	<0.01	聚甲醛	0.22~0.4
聚丙烯	<0.01	聚碳酸酯	0.11~0.15
聚苯乙烯	<0.1	聚四氟乙烯	<0.01
聚氯乙烯	0.1	聚苯醚	0.06
聚甲基丙烯酸甲酯	<0.3	聚酰胺（尼龙）6	0.66~1.9
聚对苯二甲酸乙二酯	0.1~0.2	聚酰胺（尼龙）66	0.9~1.22
聚对苯二甲酸丁二酯	0.05	聚酰胺（尼龙）12	0.25
ABS树脂	<0.3		

附录5 部分聚合物的常用溶剂

聚合物	溶剂	聚合物	溶剂
聚乙烯	甲苯，二甲苯，十氢萘，四氢萘，1-氯萘	聚对苯二甲酸乙二酯	苯酚-四氯乙烷，二氯乙酸，硝基苯（热），浓硫酸
聚丙烯	十氢萘，四氢萘，1-氯萘，二甲苯，环己酮	聚对苯二甲酸丁二酯	苯酚-四氯乙烷
聚氯乙烯	四氢呋喃，环己酮，二甲基甲酰胺，氯苯	聚酰胺	甲酸，甲酚，苯酚-四氯乙烷
氯化聚氯乙烯	丙酮，乙酸乙酯，苯，氯苯，甲苯，二氯甲烷，四氢呋喃，环己酮	硝酸纤维素	酮，醇-醚
聚苯乙烯	苯，甲苯，氯仿，环己酮，二甲基甲酰胺，甲乙酮，吡啶，苯乙烯	醋酸纤维素	甲酸，冰醋酸
聚乙烯醇	水，乙二醇（热），丙三醇（热），甲酰胺，乙醇	丙烯腈-丁二烯-苯乙烯共聚物	二氯甲烷
聚四氟乙烯	全氟煤油（350℃）	天然橡胶	卤代烃，苯
聚三氟氯乙烯	邻氯次苄基三氟	苯乙烯-丁二烯共聚物	乙酸乙酯，苯，二氯甲烷
聚丙烯酸	水，乙醇，稀碱溶液	聚丁二烯	苯，正己烷
聚甲基丙烯酸	水，乙醇，稀碱溶液，盐酸（0.02mol/L，30℃）	聚甲醛	二甲基亚砜；N,N-二甲基甲酰胺
聚丙烯酸甲酯	丙酮，丁酮，苯，甲苯，四氢呋喃	氯丁橡胶	卤代烃，甲苯；1,4-二氧杂环己烷（俗称二氧六环）；环己酮
聚甲基丙烯酸甲酯	丙酮，丁酮，苯，甲苯，四氢呋喃	聚异丁烯	醚，汽油，苯
聚醋酸乙烯酯	丙酮，苯，甲苯，四氢呋喃，氯仿，二氧六环	聚二甲基硅氧烷	苯，甲苯，氯仿，环己酮，四氢呋喃
聚丙烯酰胺	水	双酚A型聚碳酸酯	苯，氯仿，乙酸乙酯
聚甲基丙烯酰胺	水，甲醇，丙酮	聚氨酯	苯，甲酸，N,N-二甲基甲酰胺
聚丙烯腈	N,N-二甲基甲酰胺；乙酸酐，二氯甲烷，羟乙腈	环氧树脂	醇，酮，酯，四氢吡喃

附录 6　部分聚合物的玻璃化转变温度 T_g

聚合物	$T_g/℃$	聚合物	$T_g/℃$
线型聚乙烯	−68	聚丙烯酸甲酯	3
全同聚丙烯	−10	聚丙烯酸乙酯	−24
无规聚丙烯	−20	无规聚甲基丙烯酸甲酯	105
顺式聚异戊二烯	−73	间同聚甲基丙烯酸甲酯	115
反式聚异戊二烯	−60	全同聚甲基丙烯酸甲酯	45
顺式聚 1,4-丁二烯	−108	聚甲基丙烯酸乙酯	65
反式聚 1,4-丁二烯	−83	聚甲基丙烯酸正丙酯	35
全同聚 1,4-丁二烯	−4	聚甲基丙烯酸正丁酯	21
聚 1-丁烯	−25	聚甲基丙烯酸正己酯	−5
聚 1-戊烯	−40	聚甲基丙烯酸正辛酯	−20
聚 1-辛烯	−65	聚醋酸乙烯酯	28
聚氯乙烯	87	间同聚丙烯腈	104
聚偏二氯乙烯	−40	聚对苯二甲酸乙二酯	69
聚 1,2-二氯乙烯	145	聚对苯二甲酸丁二酯	40
聚氟乙烯	40	聚酰胺(尼龙)6	50
聚偏二氟乙烯	−19	聚酰胺(尼龙)66	57
聚苯乙烯	100	天然橡胶	−73
聚乙烯醇	85	聚异丁烯	−70
聚四氟乙烯	126	聚甲醛	−83
聚丙烯酸	106	聚氯丁二烯	−50
聚丙烯酸钠	>280	聚二甲基硅氧烷	−123
聚丙烯酸锌	>300	双酚 A 型聚碳酸酯	150
聚丙烯酸铜	>500		

附录 7　四探针法测定电导率时样品厚度修正系数 G(W/S)

样品厚度较薄：$W/S = 0.001 \sim 1$，见附表 7-1。W：样品厚度，μm；S：探针间距，mm。

附表 7-1　(引自 SX1934 型数字式四探针测试仪使用说明书)

W/S	0.00	0.001	0.002	0.003	0.004	0.005	0.006	0.007	0.008	0.009
0.00	0.000	0.001	0.001	0.002	0.003	0.004	0.004	0.005	0.006	0.006
0.01	0.007	0.008	0.009	0.009	0.010	0.011	0.012	0.012	0.013	0.014
0.02	0.014	0.015	0.016	0.017	0.017	0.018	0.019	0.019	0.020	0.021
0.03	0.022	0.022	0.023	0.024	0.025	0.025	0.026	0.027	0.027	0.028
0.04	0.029	0.030	0.030	0.031	0.032	0.032	0.033	0.034	0.035	0.035
0.05	0.036	0.037	0.038	0.038	0.039	0.040	0.040	0.041	0.042	0.043
0.06	0.043	0.044	0.045	0.045	0.046	0.047	0.048	0.048	0.049	0.050
0.07	0.051	0.051	0.052	0.053	0.053	0.054	0.055	0.056	0.056	0.057
0.08	0.058	0.058	0.059	0.060	0.061	0.061	0.062	0.063	0.063	0.064
0.09	0.065	0.066	0.066	0.067	0.068	0.069	0.069	0.070	0.0671	0.071
0.10	0.072	0.073	0.074	0.074	0.075	0.076	0.077	0.077	0.078	0.079
0.11	0.079	0.080	0.081	0.082	0.082	0.083	0.084	0.084	0.085	0.086
0.12	0.087	0.087	0.088	0.089	0.089	0.090	0.091	0.092	0.092	0.093

W/S	0.00	0.001	0.002	0.003	0.004	0.005	0.006	0.007	0.008	0.009
0.13	0.094	0.095	0.095	0.096	0.097	0.097	0.098	0.099	0.100	0.100
0.14	0.101	0.102	0.102	0.103	0.104	0.105	0.105	0.106	0.107	0.107
0.15	0.108	0.109	0.110	0.110	0.111	0.112	0.113	0.113	0.114	0.115
0.16	0.115	0.116	0.117	0.118	0.118	0.119	0.120	0.120	0.121	0.122
0.17	0.123	0.123	0.124	0.125	0.126	0.126	0.127	0.128	0.128	0.129
0.18	0.130	0.131	0.131	0.132	0.133	0.133	0.134	0.135	0.136	0.136
0.19	0.137	0.138	0.139	0.139	0.140	0.141	0.141	0.142	0.143	0.144
0.20	0.144	0.145	0.145	0.146	0.147	0.148	0.149	0.149	0.150	0.151
0.21	0.151	0.152	0.153	0.154	0.154	0.155	0.156	0.157	0.157	0.158
0.22	0.159	0.159	0.160	0.161	0.162	0.162	0.163	0.174	0.164	0.165
0.23	0.166	0.167	0.167	0.168	0.169	0.170	0.170	0.171	0.171	0.172
0.24	0.173	0.174	0.175	0.175	0.176	0.177	0.177	0.178	0.179	0.180
0.25	0.180	0.181	0.182	0.183	0.183	0.184	0.185	0.185	0.186	0.187
0.26	0.188	0.188	0.189	0.190	0.190	0.191	0.192	0.193	0.193	0.194
0.27	0.195	0.195	0.196	0.197	0.198	0.199	0.199	0.200	0.201	0.201
0.28	0.202	0.203	0.203	0.204	0.205	0.205	0.206	0.207	0.208	0.208
0.29	0.209	0.210	0.211	0.211	0.212	0.213	0.214	0.214	0.215	0.216
0.30	0.216	0.217	0.218	0.219	0.219	0.220	0.221	0.221	0.222	0.223
0.31	0.224	0.224	0.225	0.226	0.227	0.227	0.228	0.229	0.229	0.230
0.32	0.231	0.232	0.232	0.233	0.234	0.234	0.235	0.236	0.237	0.237
0.33	0.238	0.239	0.239	0.240	0.241	0.242	0.242	0.243	0.244	0.245
0.34	0.245	0.246	0.247	0.247	0.248	0.249	0.250	0.250	0.251	0.252
0.35	0.252	0.253	0.254	0.255	0.255	0.256	0.257	0.257	0.258	0.259
0.36	0.260	0.260	0.261	0.262	0.263	0.263	0.264	0.265	0.265	0.266
0.37	0.267	0.268	0.268	0.269	0.270	0.270	0.271	0.272	0.273	0.273
0.38	0.274	0.275	0.275	0.276	0.277	0.278	0.278	0.279	0.280	0.281
0.39	0.281	0.282	0.283	0.283	0.284	0.285	0.286	0.286	0.287	0.289
0.40	0.288	0.289	0.290	0.291	0.291	0.292	0.293	0.293	0.294	0.295
0.41	0.296	0.296	0.297	0.298	0.298	0.299	0.300	0.301	0.301	0.302
0.42	0.303	0.303	0.304	0.305	0.306	0.306	0.307	0.308	0.308	0.309
0.43	0.310	0.311	0.311	0.312	0.313	0.314	0.314	0.315	0.316	0.316
0.44	0.317	0.318	0.319	0.319	0.320	0.321	0.321	0.323	0.323	0.324
0.45	0.324	0.325	0.326	0.326	0.327	0.328	0.329	0.329	0.330	0.331
0.46	0.331	0.332	0.333	0.333	0.334	0.335	0.336	0.336	0.337	0.338
0.47	0.338	0.330	0.340	0.341	0.341	0.342	0.343	0.343	0.344	0.345
0.48	0.346	0.346	0.347	0.348	0.348	0.349	0.350	0.351	0.351	0.352
0.49	0.353	0.353	0.354	0.355	0.355	0.356	0.357	0.358	0.358	0.359
0.50	0.360	0.360	0.361	0.362	0.363	0.363	0.364	0.365	0.365	0.366
0.51	0.367	0.368	0.368	0.369	0.370	0.370	0.371	0.372	0.372	0.373
0.52	0.374	0.375	0.375	0.376	0.377	0.377	0.378	0.379	0.379	0.380
0.53	0.381	0.382	0.382	0.383	0.384	0.384	0.385	0.386	0.386	0.387
0.54	0.388	0.389	0.389	0.390	0.391	0.391	0.392	0.393	0.393	0.394
0.55	0.395	0.396	0.396	0.397	0.398	0.398	0.399	0.400	0.400	0.401
0.56	0.402	0.402	0.403	0.404	0.405	0.405	0.406	0.407	0.407	0.408
0.57	0.409	0.409	0.410	0.411	0.411	0.412	0.413	0.414	0.414	0.415
0.58	0.416	0.416	0.417	0.418	0.418	0.419	0.420	0.420	0.421	0.422
0.59	0.422	0.423	0.424	0.425	0.425	0.426	0.427	0.427	0.428	0.429
0.60	0.429	0.430	0.431	0.431	0.432	0.433	0.433	0.434	0.435	0.435
0.61	0.436	0.437	0.437	0.438	0.439	0.439	0.440	0.441	0.442	0.442
0.62	0.443	0.444	0.444	0.445	0.446	0.446	0.447	0.448	0.448	0.449

W/S	0.00	0.001	0.002	0.003	0.004	0.005	0.006	0.007	0.008	0.009
0.63	0.450	0.450	0.451	0.452	0.452	0.453	0.454	0.454	0.455	0.456
0.64	0.456	0.457	0.458	0.458	0.459	0.460	0.460	0.461	0.462	0.462
0.65	0.463	0.464	0.464	0.465	0.466	0.466	0.467	0.468	0.468	0.469
0.66	0.470	0.470	0.471	0.472	0.472	0.473	0.474	0.474	0.475	0.476
0.67	0.476	0.477	0.477	0.478	0.479	0.479	0.480	0.481	0.481	0.482
0.68	0.483	0.483	0.484	0.485	0.485	0.486	0.487	0.488	0.488	0.489
0.69	0.489	0.490	0.491	0.491	0.492	0.492	0.493	0.494	0.494	0.495
0.70	0.496	0.496	0.497	0.498	0.498	0.499	0.500	0.500	0.501	0.501
0.71	0.502	0.503	0.503	0.504	0.505	0.505	0.506	0.507	0.507	0.508
0.72	0.508	0.509	0.510	0.510	0.511	0.512	0.513	0.513	0.514	0.514
0.73	0.515	0.516	0.516	0.517	0.517	0.518	0.519	0.519	0.520	0.520
0.74	0.521	0.522	0.522	0.523	0.524	0.524	0.525	0.525	0.526	0.527
0.75	0.527	0.528	0.529	0.529	0.530	0.530	0.531	0.532	0.532	0.533
0.76	0.533	0.534	0.535	0.535	0.536	0.537	0.537	0.538	0.538	0.539
0.77	0.540	0.540	0.541	0.541	0.542	0.543	0.543	0.544	0.544	0.545
0.78	0.546	0.546	0.547	0.547	0.548	0.549	0.549	0.550	0.550	0.551
0.79	0.552	0.552	0.553	0.553	0.554	0.555	0.555	0.556	0.556	0.557
0.80	0.558	0.559	0.559	0.550	0.560	0.561	0.561	0.562	0.562	0.563
0.81	0.564	0.564	0.565	0.565	0.566	0.566	0.567	0.568	0.568	0.569
0.82	0.569	0.570	0.571	0.571	0.572	0.572	0.573	0.573	0.574	0.575
0.83	0.575	0.576	0.576	0.577	0.577	0.578	0.579	0.579	0.580	0.580
0.84	0.581	0.581	0.582	0.583	0.583	0.584	0.584	0.585	0.585	0.586
0.85	0.587	0.587	0.588	0.588	0.589	0.589	0.590	0.591	0.591	0.592
0.86	0.592	0.593	0.593	0.594	0.594	0.595	0.596	0.596	0.597	0.597
0.87	0.598	0.598	0.598	0.598	0.600	0.601	0.601	0.602	0.602	0.603
0.88	0.603	0.604	0.604	0.605	0.605	0.606	0.607	0.607	0.608	0.608
0.89	0.609	0.609	0.610	0.610	0.611	0.611	0.612	0.613	0.613	0.614
0.90	0.614	0.615	0.615	0.616	0.616	0.617	0.617	0.618	0.618	0.619
0.91	0.619	0.620	0.621	0.621	0.622	0.622	0.623	0.623	0.624	0.624
0.92	0.625	0.625	0.626	0.626	0.627	0.628	0.628	0.628	0.629	0.629
0.93	0.630	0.630	0.631	0.631	0.632	0.633	0.633	0.634	0.634	0.635
0.94	0.635	0.636	0.636	0.637	0.637	0.638	0.638	0.639	0.639	0.640
0.95	0.640	0.641	0.641	0.642	0.642	0.643	0.643	0.644	0.644	0.645
0.96	0.645	0.646	0.646	0.647	0.647	0.648	0.648	0.649	0.649	0.650
0.97	0.650	0.651	0.651	0.652	0.652	0.653	0.653	0.654	0.654	0.655
0.98	0.655	0.656	0.656	0.657	0.657	0.658	0.658	0.658	0.658	0.659
0.99	0.660	0.660	0.661	0.661	0.662	0.662	0.663	0.663	0.664	0.664
1.00	0.665									

数据读取示例：当 $W/S=0.009$ 时，$G/(W/S)=0.006$；当 $W/S=0.019$ 时，$G/(W/S)=0.014$。

样品厚度较厚：$W/S \geqslant 0.01 \sim 3.49$，见附表 7-2。$W$ 为样品厚度，μm；S 为探针间距，mm。

附表 7-2 （引自 SX1934 型数字式四探针测试仪使用说明书）

W/S	0.00	0.01	0.02	0.03	0.04	0.05	0.06	0.07	0.08	0.09
0.00	0.0000	0.0072	0.0144	0.0216	0.0289	0.0361	0.0433	0.0505	0.0588	0.0649
0.10	0.0721	0.0794	0.0866	0.0938	0.1010	0.1082	0.1154	0.1226	0.1298	0.1371
0.20	0.1443	0.1515	0.1587	0.1659	0.1731	0.1803	0.1875	0.1948	0.2020	0.2092

W/S	0.00	0.01	0.02	0.03	0.04	0.05	0.06	0.07	0.08	0.09
0.30	0.2164	0.2236	0.2308	0.2380	0.2452	0.2524	0.2596	0.2668	0.2740	0.2812
0.40	0.2884	0.2956	0.3027	0.3099	0.3171	0.3242	0.3313	0.3385	0.3456	0.3526
0.50	0.3597	0.3668	0.3738	0.3808	0.3878	0.3948	0.4018	0.4087	0.4156	0.4224
0.60	0.4293	0.4361	0.4429	0.4496	0.4563	0.4630	0.4696	0.4762	0.4827	0.4892
0.70	0.4957	0.5021	0.5085	0.5148	0.5210	0.5273	0.5334	0.5396	0.5456	0.5516
0.80	0.5576	0.5635	0.5694	0.5751	0.5809	0.5866	0.5922	0.5978	0.6033	0.6087
0.90	0.6141	0.6194	0.6247	0.6299	0.6351	0.6402	0.6452	0.6501	0.6551	0.6599
1.00	0.6647	0.6694	0.6741	0.6787	0.6833	0.6877	0.6922	0.6965	0.7009	0.7051
1.10	0.7093	0.7134	0.7175	0.7215	0.7255	0.7294	0.7333	0.7371	0.7408	0.7445
1.20	0.7482	0.7518	0.7553	0.7589	0.7622	0.7656	0.7689	0.7722	0.7754	0.7786
1.30	0.7817	0.7848	0.7879	0.7908	0.7938	0.7967	0.7996	0.8024	0.8052	0.8079
1.40	0.8106	0.8132	0.8158	0.8184	0.8209	0.8234	0.8258	0.8282	0.8306	0.8329
1.50	0.8352	0.8375	0.8397	0.8419	0.8441	0.8462	0.8483	0.8503	0.8524	0.8544
1.60	0.8563	0.8582	0.8601	0.8620	0.8639	0.8657	0.8675	0.8692	0.8709	0.8726
1.70	0.8743	0.8760	0.8776	0.8792	0.8808	0.8823	0.8838	0.8853	0.8868	0.8883
1.80	0.8897	0.8911	0.8925	0.8939	0.8952	0.8965	0.8978	0.8991	0.9004	0.9016
1.90	0.9029	0.9041	0.9053	0.9064	0.9076	0.9087	0.9099	0.9110	0.9121	0.9131
2.00	0.9142	0.9152	0.9162	0.9172	0.9182	0.9192	0.9202	0.9211	0.9221	0.9230
2.10	0.9239	0.9248	0.9257	0.9266	0.9274	0.9283	0.9291	0.9299	0.9307	0.9315
2.20	0.9323	0.9331	0.9338	0.9346	0.9353	0.9361	0.9368	0.9375	0.9383	0.9389
2.30	0.9396	0.9402	0.9409	0.9415	0.9422	0.9428	0.9435	0.9441	0.9447	0.9453
2.40	0.9459	0.9465	0.9470	0.9476	0.9482	0.9487	0.9493	0.9498	0.9503	0.9509
2.50	0.9514	0.9519	0.9524	0.9529	0.9534	0.9538	0.9543	0.9548	0.9553	0.9557
2.60	0.9562	0.9566	0.9571	0.9575	0.9579	0.9583	0.9588	0.9592	0.9596	0.9600
2.70	0.9604	0.9608	0.9612	0.9616	0.9619	0.9623	0.9627	0.9630	0.9634	0.9637
2.80	0.9641	0.9644	0.9648	0.9652	0.9655	0.9658	0.9661	0.9664	0.9667	0.9671
2.90	0.9674	0.9677	0.9680	0.9683	0.9686	0.9689	0.9692	0.9694	0.9697	0.9700
3.00	0.9703	0.9705	0.9708	0.9711	0.9713	0.9716	0.9718	0.9721	0.9724	0.9726
3.10	0.9728	0.9731	0.9733	0.9736	0.9738	0.9740	0.9742	0.9745	0.9747	0.9749
3.20	0.9751	0.9753	0.9756	0.9758	0.9760	0.9762	0.9764	0.9766	0.9768	0.9770
3.30	0.9772	0.9774	0.9776	0.9778	0.9779	0.9781	0.9783	0.9785	0.9787	0.9788
3.40	0.9790	0.9792	0.9794	0.9795	0.9797	0.9799	0.9800	0.9802	0.9803	0.9805

附录 8 四探针法测定电导率时样品形状和测量位置的修正系数 $D(d/S)$

圆形薄片（附表 8-1）测量位置示意见附图 8-1。矩形薄片见附表 8-2。矩形薄片形状示意见附图 8-2。

附表 8-1 圆形薄片（引自 SX1934 型数字式四探针测试仪使用说明书）

直径 d/mm	探针位置					
	距圆心位置		距边缘位置			
	0mm	1/4d	5mm	4mm	3mm	2mm
20	0.9788	0.9633	0.9633	0.9508	0.9263	0.8702
23	0.9839	0.9719	0.9662	0.9538	0.9295	0.8739
25	0.9863	0.9761	0.9677	0.9553	0.9312	0.8758

直径 d/mm	探针位置					
	距圆心位置		距边缘位置			
	0mm	1/4d	5mm	4mm	3mm	2mm
27	0.9882	0.9794	0.9688	0.9565	0.9325	0.8773
30	0.9904	0.9832	0.9702	0.9580	0.9342	0.8793
32	0.9916	0.9852	0.9709	0.9588	0.9351	0.8804
35	0.9929	0.9876	0.9718	0.9598	0.9362	0.8817
38	0.9940	0.9894	0.9725	0.9606	0.9371	0.8829
40	0.9946	0.9904	0.9729	0.9610	0.9377	0.8835
42	0.9951	0.9913	0.9733	0.9614	0.9382	0.8841
45	0.9957	0.9924	0.9738	0.9620	0.9488	0.8849
50	0.9965	0.9938	0.9744	0.9627	0.9497	0.8859
55	0.9971	0.9919	0.9749	0.9633	0.9403	0.8868
57	0.9973	0.9952	0.9751	0.9635	0.9406	0.8871
60	0.9976	0.9957	0.9752	0.9638	0.9409	0.8875
63	0.9978	0.9961	0.9755	0.9640	0.9412	0.8879
65	0.9979	0.9963	0.9757	0.9641	0.9414	0.8881
70	0.9982	0.9968	0.9760	0.9645	0.9418	0.8886
75	0.9985	0.9972	0.9762	0.9648	0.9421	0.8891
80	0.9986	0.9976	0.9764	0.9650	0.9424	0.8895
90	0.9989	0.9981	0.9768	0.9654	0.9429	0.8901
100	0.9991	0.9984	0.9770	0.9657	0.9433	0.8904

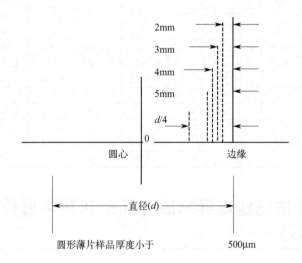

附图 8-1　圆形薄片测量位置示意

附表 8-2　矩形薄片（引自 SX1934 型数字式四探针测试仪使用说明书）

d/S	正方形	矩形		
	a/d=1	a/d=2	a/d=3	a/d≥4
1.0	—	—	0.2204	0.2205
1.25	—	—	0.2751	0.2702
1.5	—	0.3263	0.3286	0.3286
1.75	—	0.3794	0.3803	0.3803
2.0	—	0.4301	0.4297	0.4297

d/S	正方形	矩形		
	a/d=1	a/d=2	a/d=3	a/d≥4
2.5	—	0.5192	0.5194	0.5194
3.0	0.5422	0.5957	0.5958	0.5958
4.0	0.6870	0.7115	0.7115	0.7115
5.0	0.7744	0.7887	0.7888	0.7888
7.5	0.8846	0.8905	0.8905	0.8905
10.0	0.9312	0.9345	0.9345	0.9345
15.0	0.9682	0.9696	0.9696	0.9696
20.0	0.9788	0.9830	0.9830	0.9830
40.0	0.9955	0.9957	0.9957	0.9957
100	1.0000	1.0000	1.0000	1.0000

注：d—短边长度；a—长边长度；S—探针间距。

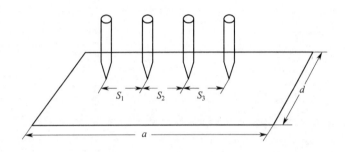

附图 8-2　矩形薄片形状示意

数据读取示例：在探针平均间距为 $S=1mm$ 时，测量矩形薄片样品示例如附图 8-3 所示。当 $d/S=2$，$a/d=2$ 时，$D(d/S)=0.4301$。

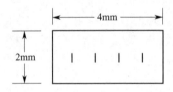

附图 8-3　测量矩形薄片样品示例